KANBAN Y
«JUST-IN-TIME»
EN TOYOTA

KANBAN Y «JUST-IN-TIME» EN TOYOTA

La dirección empieza en las estaciones de trabajo

Edición revisada

Editado por la Japan Management Association

TGP Hoshin
Madrid, España

Productivity Press
Portland, Oregón

Contenido

Prólogo del editor en lengua inglesa ix
Prólogo del traductor de la edición en inglés xiii

**1 La fuente de los beneficios está
en el proceso de fabricación** **3**
Beneficio comercial y beneficio de fabricación 3
No podemos guiarnos solo por el coste 4
El verdadero coste es del tamaño de una semilla de ciruelo .. 5
Cambiar su método de fabricación, reducir su coste 7
Técnica de producción y técnica de fabricación 8
Cuando dice «No puedo» admite su ignorancia 9
Trabajo y movimiento 11
Aumento de la densidad del trabajo 13
Factor de utilidad y eficiencia 15
No engañarse con la eficiencia aparente 16
Es un crimen producir en exceso 18
Eliminación profunda del despilfarro 22

**2 Supuestos básicos del sistema de
producción de Toyota** **25**
Sistema de producción de Toyota y sistema kanban 25
Perfil del sistema Toyota 26
Características del sistema Toyota 26

El objetivo es la reducción de costes 33

Un objetivo, muchos planteamientos 34

Capacidad en exceso y ventaja económica 36

¿Qué es utilización efectiva? 37

Es un despilfarro, ¿cómo no utiliza esa máquina
    tan costosa? 37

Alta velocidad y rendimiento pueden ser un error 38

Un poco de tiempo en exceso llega a ser mucho tiempo 40

Cómo usar patrones de referencia 40

Elevada eficiencia no es igual a menor coste 42

Indice de operación e índice de movilidad 43

Acortar el «lead time» 46

Cero stocks como desafío 47

¿Puede el lugar de trabajo responder a cambios? 48

3   Nivelación-equilibrado del sistema de producción **51**

Picos y valles del trabajo 51

Tiendas de regalos en lugares turísticos 53

La situación en la línea de montaje de automóviles 54

Conexión de procesos 55

Nivelación de cantidades y tipos 56

Tiempo de ciclo 57

Ejemplo del proceso de un engranaje 58

Método de alisado de las cargas de producción 60

Cómo organizar el flujo de las cosas 61

Debe nivelarse también el plan de producción 62

Operaciones estándares en el sistema Toyota 63

La obstrucción denominada cambio de útiles 65

Preparación y erradicación del despilfarro como claves 65

Nuevas ideas ayudan a acortar los tiempos 67

Diseñar planes para acortar el tiempo de cambio del útil 68

Directrices de cambio de útiles y herramientas
    de un jefe de sección de fabricación 69

Intercambio de útiles de un golpe 70

4   «Just-in-time» y automatización **73**

Estilo supermercado 73

«Just-in-time» 74

La extracción se hace por el proceso posterior 76
Automatización con tacto humano 78
Añadir la sabiduría de los usuarios 79
Parar automáticamente 80
Parar la línea 82
Lugares de trabajo fáciles de observar 83
Control visual 84
«Esté mano sobre mano» 85
Métodos de control visual 86
Vaqueros involucrados en el control de anormalidades 87

**5 Control de lugares de trabajo
a través del sistema kanban** **89**
El plan de producción de Toyota 89
Los planes se hace para ser modificados 90
Facilitar información al minuto 92
Funciones del kanban 96
Seis reglas para el kanban 98
Circulación del kanban 105
El escarabajo de agua 107
El área de almacenaje denominada almacén 107
Sistema de trabajo completo 108
Usos en áreas inesperadas 110
Menor número de kanbanes 112

**6 Lugares de trabajo determinados
por las operaciones estándares** **115**
Tres componentes de las operaciones estándares 115
Cómo determinar el tiempo de ciclo 116
Procedimiento de trabajo (secuencia de trabajo) 117
Stock estándar en mano 118
Métodos para determinar las operaciones estándares 120
Combinación de trabajo 127
Eficiencia global y balance entre trabajadores 132
Cómo implantar las operaciones estándares 133
Cambios en la combinación de trabajo 135

**7 Actividades de mejora para la
reducción de horas-hombre** **143**

Conocer bien las áreas de trabajo 143
Redistribución del trabajo 145
De la mejora del trabajo a la de las instalaciones 148
Pensamiento centrado en las personas 150
Del ahorro de trabajo de personas a la reducción
    del número de trabajadores 151
Cómo obtener la reducción de las horas-hombre 154
Pensar sobre el «layout» 156
Práctica de la mejora 158

8 Producción de alta calidad con seguridad 161
El verdadero valor de la mejora está en la calidad 161
La inspección no añade valor 164
La calidad se crea en el proceso 165
No limitarse a la emisión de certificados 167
A prueba de errores (poka-yoke) 168
La seguridad trasciende a todo 169
La automatización fácil es propensa a accidentes 172
¿Es peligroso que las máquinas arranquen con un toque? . 174
Papeles de los supervisores en los lugares de trabajo 176
Control de anormalidades 177
Cuando es Vd. supervisor 180
El supervisor es un elemento esencial 181

Apéndice A Planificación de la producción que conecta
    Toyota Motor con fabricantes de piezas y distribuidores . 183
Apéndice B Gestión de Toyota en sus plantas
    en el extranjero 201

Prólogo del editor en lengua inglesa

¿Se ha imaginado alguna vez que está en un safari en Africa o en un viaje al exótico Oriente, buscando un tesoro oculto, minas de diamantes o antigüedades de gran valor, o un descubrimiento que curase todos sus males y que los remediase para siempre? Puede imaginar que con un descubrimiento así, no tendría que volver a trabajar o que preocuparse de problemas económicos el resto de su vida.

En nuestra búsqueda de conocimiento a menudo hemos tratado de encontrar la «respuesta», algún fundamento que resolviese todas nuestras dudas o problemas. Aunque pueda sonar a ingenuo, creo que en este maravilloso libro encontrará «la respuesta»: la «poción mágica» que hará de su empresa un competidor del mas alto nivel y que le mejorará a Vd. personalmente.

La verdad descubierta por Taiichi Ohno, vicepresidente de Toyota Motor y padre de los conceptos «just-in-time» y kanban, es que la mejora no debe parar nunca. Se basa en la tradición samurai que señala que un guerrero (un directivo) nunca termina de perfeccionar su estilo (de mejorar su habilidad de dirección), y nunca para de pulir su espada (de mejorar el proceso y el producto).

Por tanto, el secreto del éxito es la búsqueda sin final de mejores modos de elevar la productividad del proceso y la calidad del producto. Nunca puede parar uno y decir, «Bueno, ya lo he conseguido. Ya tengo la respuesta a todos los problemas».

Pero la respuesta está solamente en la búsqueda de mas y mas conocimiento, de nuevas y mas simples soluciones, de formas de ser mas innovador. Pues bien, dentro de las páginas de este libro encontrará los muy claros conceptos y directrices aportados por el Sr. Ohno a sus directivos sobre la forma de mejorar continuamente.

Recientemente, un grupo de norteamericanos visitantes del Japón preguntaron a un grupo de directivos japoneses qué empresa era líder en Japón en calidad y productividad. La respuesta fue unánime: «Toyota, porque nunca terminan de refinar y hacer mejoras en su sistema».

El último año, Toyota recibió en promedio 40 nuevas ideas de mejora por trabajador. Imagínese dirigiendo una empresa en la que cada persona está activamente involucrada facilitando sugerencias de mejora de su trabajo. ¿Cuántos problemas se le resolverían y qué metas futuras podría alcanzar?

Los conceptos explicados claramente en este libro se han estado aplicando durante años en Japón y numerosas empresas norteamericanas. Recientemente hablé con un directivo de Omark Industries. Su empresa, en 1983, compró 500 ejemplares del libro de Shigeo Shingo *El sistema de producción de Toyota*. Se pidió a todos los directivos de la empresa que leyesen el libro y empezasen a aplicar sus ideas a la planta. Los resultados obtenidos, después de unos pocos años, fueron sorprendentes:

- El plazo para producir un producto se redujo desde 12 semanas a 4 días;
- El tiempo de cambio de útil y preparación de una gran prensa de estampación se redujo de 8 horas a 1 minuto y 4 segundos;
- El stock de trabajos en proceso se redujo en un 50 por ciento;
- Se liberó de un 30 a un 40 por ciento de espacio en cada una de sus plantas.

Conforme lea este libro, empezará a ver claramente cuál es la magia real del sistema de Toyota. Recomiendo la lectura en pequeños grupos, tanto como la lectura individual. Pregunte a cada uno de sus colegas cómo pueden utilizar esta información para mejorar su empresa. Por encima de todo, no cometa el error de pensar que «estas ideas no pueden aplicarse aquí». Los conceptos pueden aplicarse a la fabricación repetitiva, a los «job shops», a las industrias de proceso, a virtualmente cualquier empresa industrial. Y mediante un estudio cuidadoso, empezará a ver cómo las ideas pueden aplicarse también a las oficinas.

Esta edición del *Kanban* incluye materiales adicionales preparados por Yasuhiro Monden, una reconocida autoridad sobre el sistema de producción de Toyota. El Apéndice A describe cómo combina Toyota el kanban y la tecnología de ordenadores para actualizar las comunicaciones con proveedores y distribuidores. El Apéndice B describe la primera aplicación del sistema de producción de Toyota en Estados Unidos: la planta de Motor Manufacturing Inc., (NUMMI) en Fremont (California). Muchas empresas pueden beneficiarse del estudio de la iniciativa de NUMMI en relación con su personal y proveedores.

El pensamiento de Ohno nos pide reexaminar nuestro modo de pensar y empezar a orientarnos a formas de eliminar el despilfarro y encontrar continuamente modos de mejorar la calidad del proceso y del producto.

Espero que disfrute con la lectura de este libro. Deseo expresar mi aprecio a todos los que han colaborado en la producción de este libro y en su revisión: Taiichi Ohno, el creador; los directivos de Toyota que permitieron que sus palabras se registrasen en cinta y se transcribiesen; la Asociación Japonesa de Dirección, que compiló el material original y lo editó por primera vez; y Yasuhiro Monden, que contribuyó con materiales a la revisión. Muchas gracias también a David Lu, el traductor cuyos conocimientos del tema añaden una dimensión al material. Patty Slote ha supervisado todos los detalles de producción y editoriales de la primera edición, y Esmé McTighe ha sido responsable de la producción de la edición revisada; Cheryl Berling ha corregido el manuscrito y Karen Jones los materiales de la revisión. Marie Kascus ha preparado el índice; Russ Funkhouser ha diseñado la cubierta; y el Staff de Rudra Press ha hecho la composición y creado las páginas del libro.

Norman Bodek
Presidente, Productivity, Inc.

Prólogo del traductor de la edición en inglés

He visitado la planta de ensamble de Toyota un par de veces, y cada vez me ha impresionado la forma relajada con la que los trabajadores se mueven alrededor de las máquinas. «Trabaje de modo mas ingenioso, no mas duro», dice el Dr. W. Edwards Deming, decano de las actividades de control de calidad. Los trabajadores de Toyota parecen tipificar ese espíritu mientras producen vehículos de altísima calidad.

Para alcanzar esta elevada fase de desarrollo y sofisticación, Toyota ha debido recorrer un duro camino. En 1949, estaba al borde de la bancarrota, y en Japón se pensaba en esos años posteriores a la guerra que las condiciones del país no eran adecuadas para la producción de automóviles. Estados Unidos era entonces al menos ocho veces mas eficiente que Japón en la producción de automóviles. Con todo, un determinado presidente de Toyota, Kiichiro Toyoda, planteó el desafío de alcanzar a Estados Unidos en un plazo de tres años.

«La productividad norteamericana es probablemente ocho o nueve veces superior. Sin embargo, no creo que los americanos ejerzan físicamente diez veces mas energía que los japoneses», esto es lo que Taiichi Ohno se dijo a sí mismo cuando escuchó el desafío de Toyoda. «Lo probable es que los japoneses estemos aplicando un sistema de producción sumamente despilfarrador». La solución de Ohno fue organizar un sistema de producción dedicado a la eliminación total del despilfarro. El sistema de producción de Toyota tuvo su génesis en este proceso de pensamiento.

El sistema Toyota reduce los stocks hasta cerca de cero mediante la aplicación del sistema «just-in-time». Para que este sistema funcione fluidamente, cada proceso debe acercarse al proceso precedente para extraer las piezas y materiales en el momento en que los necesita y en la cantidad necesaria.

El proceso precedente debe producir solo la cantidad exacta extraída por el proceso siguiente. El *sistema kanban* se creó para indicar qué proceso necesita qué y facilitar que los diversos procesos se comunicasen entre sí eficientemente. El plan de producción de la empresa se comunica solamente a la línea de ensamble final. Cuando esta línea acude a los procesos precedentes a extraer piezas y materiales, dispara una cadena de comunicaciones entre todos los procesos con sus precedentes, y cada proceso conoce automáticamente cuánto y cuándo producir las piezas y materiales que debe fabricar.

Otra característica del sistema de producción de Toyota es la *automatización con tacto humano*. Las máquinas se diseñan para que hagan lo que pueden hacer las personas, y se les integran mecanismos que paran automáticamente la máquina cuando producen algo defectuoso. En su libro, *Toyota Production Sistem: Practical Approach to Production Management* (1983), el profesor Yasuhiro Monden describe este fenómeno con el término *autonomatización*. Sí, se enseña a las máquinas a ser autónomas, pero de algún modo este término no traduce enteramente el significado pretendido por Ohno. El término original japonés es *ninben no tsuita jidoka*. La palabra *jidoka* significa automatización. Pero la clave de nuestra comprensión debemos encontrarla en el primer término, *ninben*, que es un radical que se añade al carácter chino o japonés para hacer que represente la acción de un ser humano. Ohno añadió este *ninben* al segundo carácter del término *jidoka* (automatización), que estando solo habría significado simplemente «mover», pero con la adición de *ninben* significa «trabajar». Y la frase entera asume un significado diferente que sugiere que las máquinas están dotadas de inteligencia y tacto humanos. De aquí, que mi traducción preferida sea «automatización con tacto humano».

Las máquinas con estas capacidades humanas paran automáticamente cuando ocurren anormalidades. Al arte de dirigir, esto le afecta considerablemente. En tanto que las máquinas funcionan normalmente, no se requiere presencia humana. Solo cuando para una máquina, u ocurre una anormalidad, es necesario que esté presente un trabajador. Por tanto, resulta posible que un solo trabajador maneje secuencialmente cierto número de máquinas. El *control visual* también se hace posible cuando se hacen aparentes los defectos o anormalidades ocultos.

El sistema de Toyota es racional y efectivo en costes. Junto con la implantación de los cambios de útil de «un solo golpe», permite la producción de muchos tipos y estilos diferentes de coches en pequeños lotes. El sistema de Toyota no recibió los elogios que merecía hasta los años 60 avanzados, cuando Japón experimentaba incrementos anuales del producto nacional bruto del orden de dos dígitos en porcentaje. Solo cuando la primera crisis del petróleo de 1973 hizo patentes los límites de la expansión económica japonesa, se empezó a prestar gran atención en el propio Japón a la utilidad y potencial del sistema de producción de Toyota. En un periodo de crecimiento mas lento, el sistema facilita un modelo a seguir por otros sectores, que muestra cómo pueden conseguirse aún beneficios cambiando los métodos de producción.

El libro traducido aquí es fruto de una serie de seminarios realizados por la Asociación Japonesa de Dirección a mediados de los años 70. Los instructores de estos seminarios fueron Taiichi Ohno, entonces vicepresidente ejecutivo, y miembros del staff de la división de control de producción de Toyota Motor. Los textos escritos por el staff de Toyota para estos seminarios han servido como base para el libro, que fue revisado y editado por redactores de la Asociación Japonesa de Dirección. Se publicó por primera vez en 1978. Hacia el verano de 1985, se había reimpreso 35 veces y se había convertido en un best-seller del sector empresarial. Su atractivo procede de su estilo, fácil de entender, y de la clara sabiduría que se encuentra tanto en el texto como en los conceptos y sugerencias de Ohno intercalados en el texto. Para las empresas, especialmente para las de tamaño medio y pequeño, que buscan sobrevivir en condiciones económicas y sociales duras, el método de Toyota de gestión de los lugares de trabajo, tal como se muestra en el libro, les facilita nuevas directrices y estímulos.

¿Puede el sistema de producción de Toyota aplicarse con beneficio en los Estados Unidos? La respuesta es definitivamente sí. Los norteamericanos, como los japoneses, son personas racionales que pueden seleccionar y adoptar el sistema mas apropiado para su propia sociedad, y la profunda racionalidad del sistema de Toyota no puede dejar de ser atractiva para la mentalidad norteamericana. El sistema de Toyota puede enseñarnos cómo eliminar despilfarros en áreas que a menudo no son aparentes. Es un sistema que exige a los empleados hacer lo mejor, pero no sobrecargarles. El sistema se presenta como un amigo para ellos, no como adversario. En el sistema está implícita la filosofía del respeto a la persona. El sentimiento de confianza que crea entre dirección y trabajadores puede promover la eficiencia y a la vez un sentimiento de distensión.

Podemos o nó trasplantar, asumir o rechazar el sistema «just-in-time» en nuestras industrias. Pero es bueno recordar que el Sr. Ohno recibió la inspiración de este sistema observando el funcionamiento de un supermercado en Norte América. Los artículos cogidos por los clientes se reemplazaban «just-in-time» en el estante para la siguiente ronda de clientes. Si un supermercado americano puede inspirar a un gran fabricante de automóviles japonés para llevar a la excelencia a su método de producción, del mismo modo este último puede ayudar a sus colegas americanos a recuperar su preeminencia industrial.

David J. Lu

KANBAN Y «JUST-IN-TIME» EN TOYOTA

1
LA FUENTE DE LOS BENEFICIOS ESTÁ EN EL PROCESO DE FABRICACIÓN

Beneficio comercial y beneficio de fabricación

En 1976 y 1977 —poco después de la primera crisis del petróleo— cuando Toyota Motors consiguió beneficios del orden de 597,4 y 716,7 millones de dólares respectivamente, se criticó a la corporación por ganar demasiado dinero.

Para que una empresa tenga éxito, ganar dinero es un objetivo o precondición, cualquiera sea la industria en que esté. Ahora, ¿qué significa la frase «ganar dinero»?

En las empresas comerciales, el precio de venta se establece añadiendo cierto margen al precio de compra. Ganar dinero significa aquí «comprar barato y vender caro». Por tanto, «ganar dinero» transmite usualmente una imagen negativa, y algunos periódicos escriben una y otra vez artículos que condenan a las empresas que ganan demasiado dinero como instituciones antisociales. Razonan que las empresas ganan dinero comprando barato y vendiendo caro, mientras los consumidores tienen que pagar la diferencia.

En la industria, ¿se gana el dinero comprando baratas las primeras materias y componentes y vendiendo los artículos acabados a precios elevados, como en el sector comercial?

¿Significa esto que Toyota puede de alguna forma comprar chapa de acero mas barata que cualquier otro fabricante de automóviles? ¿Significa esto que hay suministradores que desean vender componentes a Toyota mas baratos que a otros? No, no es este el caso. ¿Puede Toyota exigir un precio mas elevado por el uso de su marca? El mero hecho de que el nombre de Toyota figure en un automóvil no significa que puede exigir automáticamente un sobreprecio de 1.000 dólares mas elevado que en el caso de cualquier otro automóvil.

Toyota compra primeras materias, materiales procesados, piezas, electricidad y agua a los precios vigentes en el mercado. El precio de sus productos está también gobernado por las reglas del mismo mercado. Si Toyota asignase un precio a sus productos irrazonablemente elevado, sus ventas colapsarían en todas partes.

Esto no se aplica solo a Toyota. Todos los fabricantes comparten la misma condición de mercado. Las industrias derivan su beneficio del valor añadido obtenido a través del proceso de fabricación. Por tanto, las empresas industriales y las comerciales no pueden ganar dinero de la misma forma.

No podemos guiarnos solo por el coste

Sea que el beneficio se exprese en términos de un margen obtenido vendiendo a un precio superior al precio de compra, o vendiendo productos por encima del coste de producción, la situación puede resumirse de la siguiente forma:

$$\text{Beneficio} = \text{Precio de venta} - \text{Coste}$$

Por otro lado, si se desea tener en cuenta el precio de compra y el coste de producción antes de añadir el beneficio, puede establecerse otra ecuación:

$$\text{Precio de venta} = \text{Coste} + \text{Beneficio}$$

Expresadas en números, las dos ecuaciones pueden parecer iguales, pero en Toyota, no utilizamos la segunda fórmula.

El autodenominado principio del coste establece que puesto que fabricar cierto producto cuesta cierta cantidad, debe añadirse una cierta cantidad como margen de beneficio para determinar el precio de venta. Por tanto, la segunda fórmula es la adecuada. Si deseáramos insistir en la aplicación de este principio del coste, nos diríamos a nosotros mismos: «Bien, no podemos hacer nada mas aunque este producto cueste tanto. Lo que tenemos que hacer es sacar de ello la máxima cantidad de dinero posible». Esto significará que cada coste que tengamos tendrá que ser soportado por el consumidor o usuario. Sin embargo, no podemos asumir esta actitud en esta época de intensa competencia. Incluso aunque lo deseáramos, no podríamos utilizar la segunda fórmula.

Volviendo a la primera ecuación, esta nos dice que el beneficio es el resultante de restar el coste del precio de venta. Como hemos mencionado anteriormente, el precio de un vehículo lo determina generalmente el mercado. Por tanto, con el fin de conseguir un beneficio, el único recurso que tenemos es *reducir el coste todo lo posible*. Aquí radica la fuente del beneficio.

IDEAS DE OHNO

No confundir «valor» con «precio».

Cuando un consumidor compra un producto, lo hace porque ese producto tiene cierto valor para él.

El coste está subiendo, ¡por tanto debe elevar el precio! No tome ese camino fácil. No puede hacerse. Si eleva su precio pero el valor permanece el mismo, rápidamente perderá el cliente.

El verdadero coste es del tamaño de una semilla de ciruelo

El coste puede interpretarse de muchos modos diferentes. El coste consiste de muchos elementos, tales como costes de personal, de materiales en bruto, de electricidad, de terrenos, de edificios y de equipos. Algunas personas pueden añadir todos estos y otros costes y obtener un total, y entonces decir que fabricar cierto producto cuesta tanto. Pero, ¿es éste el verdadero coste? No, cuando se consideran las cosas cuidadosamente, lo que emerge es que el total obtenido no parece reflejar el verdadero coste.

La expresión «verdadero coste» puede sonar rara. Pero tenemos la noción de que para fabricar un automóvil el verdadero coste de personal es aproximadamente cierto importe, y que solo una cierta cantidad de coste de materiales es suficiente. Esta es una aproximación al coste verdadero.

Tomemos ahora como ejemplo el coste de personal. Para fabricar un producto dado, un trabajador debe trabajar un requerido número de horas para procesar cierta cantidad de materiales necesarios para los productos fabricados en el día. Esto está cercano al verdadero coste. Pero supongamos ahora que el trabajador procesa además los materiales necesarios para mañana y pasado mañana.

El exceso de materiales fabricados, si se mantienen en el mismo lugar de trabajo, estorbarán su funcionamiento ordenado. De modo que se trasladan a alguna parte. Esto significa que tiene que crearse un proceso denominado *transporte interno*, y que surge también la necesidad de un lugar de almacenaje. Además, alguien tiene que contar y reordenar estos materiales para una buena *gestión*. Si el número de materiales excedentes aquí y allá aumenta, se necesitarán tarjetas que señalen los materiales que están en cada almacenaje y los materiales que se retiran de cada almacenaje. Lo siguiente es la necesidad de oficinistas que lleven cuenta de los almacenes, y de trabajadores que supervisen estos procesos.... Justamente porque alguien ha producido en exceso, se ha creado la necesidad de una ilimitada cantidad de trabajo y personal adicional.

Debe pagarse a todas las personas involucradas en esas nuevas tareas, y ese coste se contará como parte de los costes de personal. Al final, sus salarios formarán parte del coste del producto.

Lo mismo puede decirse de los costes de materiales. Si tiene justamente los materiales necesarios para el trabajo del día, el trabajo podrá transcurrir fluidamente. Y puede mantener el aprovisionamiento suficiente para diez días, para prevenir dificultades que puedan surgir de problemas de los proveedores. Esto, por supuesto, es mas que suficiente. Pero en muchas empresas, cuando se revisa su inventario, se descubre a menudo que tienen aprovisionamientos suficientes para uno o dos meses, como stock parado en sus almacenes. No es infrecuente tener aprovisionamientos para seis meses, lo que no es una condición aceptable.

No hay que olvidar que estos materiales o ya se han pagado o van a pagarse inmediatamente. Además del coste de los materiales, se produce un cargo de intereses. Además, durante el almacenaje, los materiales pueden oxidarse, romperse o separarse resultando piezas no emparejadas que no pueden utilizarse. En un caso mas serio, pueden hacerse cambios de diseño que convierten en obsoletos a materiales almacenados. Hay además situaciones en las que un cambio en la demanda puede obviar la necesidad de algunos materiales. En cualquiera de estos casos, el almacenaje crea despilfarro.

Este despilfarro, el coste de materiales inutilizables que se descartan, se anota también como coste de los materiales, y llega a formar parte del coste de los productos.

En la mayoría de la circunstancias, cuando una persona habla de *coste*, se expresa en términos de una combinación de costes apropiados y no apropiados, y en el caso de los últimos, incluye las porciones de costes de personal y materiales que no son realmente necesarios para fabricar un producto.

En Toyota tenemos un adagio: «El verdadero coste es solo del tamaño de una semilla de ciruelo». El problema de la mayoría de los directivos es que tienen la propensión a hacer crecer la semilla hasta convertirla en un ciruelo frondoso. Entonces, podan algunas ramas del árbol y denominan a esto reducción de costes.

Cambiar su método de fabricación, reducir su coste

En Toyota, no nos adherimos al autodenominado principio del coste. En el principio del coste subyace la noción de que «cualquiera sea el modo de producción que utilicemos, el coste permanece el mismo». Si se probase como correcto que, cualesquiera sean los métodos de producción, el coste permanece constante, entonces todas las industrias deben continuar aplicando el principio del coste.

Sin embargo, cambiando su método de fabricación, una empresa puede eliminar costes de personal, precisamente aquellos referidos a operaciones que no añaden valor, y costes de materiales, los que generan los materiales no utilizados. Cambiando el método de fabricación, el coste puede reducirse sustancialmente.

Hay una empresa filial de Toyota que produce piezas estampadas y está localizada cerca de las oficinas centrales de Toyota. En 1973, estuvo parada y se reemplazó a todos sus directivos. Arrancando de nuevo aquel mismo año, los empleados hicieron grandes esfuerzos, y dos años mas tarde, en 1975, la empresa se había recuperado completamente.

Actualmente, la empresa es muy rentable. De acuerdo con su presidente, llegó un día un inspector fiscal del gobierno, dispuesto a interrogar a sus directivos. «¿Porqué esta empresa experimentó un agudo déficit en 1973 cuando la economía estaba en pleno auge, y tiene ahora buenos resultados en 1976 cuando hay recesión»?, preguntaba el inspector.

La respuesta del presidente fue la típica de Toyota: «Esto es lo que en la empresa llamamos esfuerzo de mejora». El inspector permaneció incrédulo. De todos modos, la realidad es que los costes se habían reducido cambiando los métodos de fabricación. Naturalmente, la cuenta de resultados cambió paralelamente, siendo un buen ejemplo de lo que estamos diciendo.

Técnica de producción y técnica de fabricación

Actualmente, Toyota produce muy por encima de 200.000 unidades por mes. En 1952, se necesitaban 10 empleados/mes para producir un camión. En 1961, la producción mensual de Toyota consistía en 10.000 unidades. Había entonces 10.000 empleados, y esto significaba que cada mes un empleado producía un vehículo. En los dos últimos años la producción se ha situado entre 230.000 a 250.000 unidades, y tenemos 45.000 empleados. Esto significa que a cada empleado se le acreditan cinco vehículos por mes.

Toyota tiene algunas plantas de ensamble en el extranjero. Hay casos en los que el número de procesos requeridos para ensamblar el mismo Corolla o Corona puede ser como cinco a diez veces el número requerido en Japón. Para el mismo Toyota, dependiendo del tiempo y lugar, hay como vemos grandes diferencias.

¿Cómo se crean estas diferencias? En parte, la instalación de producción es responsable de la diferencia, pero en un grado considerable, tal diferencia procede de la diferencia en los métodos de producción.

Durante muchos años, hemos pensado y mejorado nuestro sistema de producción. Este es lo que hoy llamamos el sistema de producción de Toyota.

En fabricación se utilizan dos técnicas. Una es la técnica de producción y la otra es la técnica de fabricación.

Dicho simplemente, *técnica de producción* es el término que denota la técnica necesaria para producir artículos. Normalmente, cuando se utiliza el término *técnica*, nos estamos refiriendo a la técnica de producción.

En contraste, *técnica de fabricación* es el término que denota la técnica de utilizar expertamente equipos, personas, materiales, y piezas. Si consideramos que la técnica de producción es una técnica apropiada, conforme a los estándares establecidos, entonces la técnica de fabricación puede considerarse como la técnica de dirección, que utiliza, sintetiza y combina diversos métodos. Lo que denominamos sistema de producción de Toyota denota realmente esta técnica de fabricación.

Por supuesto, es importante considerar la técnica de producción con el fin de obtener los efectos de cambio de costes asociados al cambio de un método de fabricación. Pero debemos tener presente que en el mundo industrial actual, la diferencia en la técnica de producción de cualquier industria es insignificante. Un factor que puede hacer una gran diferencia es la técnica de fabricación. Utilizando con efectividad los equipos, personas, y materiales, el resultado puede ser un cambio sustancial del coste.

Cuando dice «No puedo» admite su ignorancia

A menudo, encontramos un encargado con un impecable uniforme blanco cuando visitamos una planta. Puede haber trabajado en la línea de ensamble durante treinta años, o en las prensas de estampación durante veinticinco. Personas como ésta son diccionarios vivos en una planta.

Cuando una máquina o componente funcionan mal, el hombre del uniforme blanco puede descubrir inmediatamente lo que está incorrecto. Otros trabajadores pueden intentar hacer un ajuste con manos vacilantes, pero el encargado se acerca con un martillo y golpea ligeramente, haciendo innecesario el ajuste.

Incluso en un proceso que requiere una gran precisión, el hombre del uniforme blanco puede ajustar fácilmente la máquina hasta una tolerancia de 1/100 mm o 1/1000 mm. Ningún otro puede igualar su *expertise*.

Sin embargo, a pesar de su gran habilidad y experiencia, estos encargados tienden a no profundizar demasiado en la forma del flujo del trabajo. «Esta línea puede planificar 15.000 unidades», dirán, «y esa cifra ha sido nuestro mejor récord. ¿Ahora dice Vd. que debemos planificar 17.000 unidades? No, no podemos hacerlo. Pida 2.000 unidades a un proveedor externo».

Hay algunos fabricantes de útiles de estampación con el mismo dilema. Normalmente construyen excelentes útiles. Pero una vez que aumenta la cantidad, fabrican moldes defectuosos. Su programa no es coherente y no saben cuándo pueden entregar los útiles adicionales pedidos.

Estos son sucesos comunes. Hay excelentes técnicas de producción para producir moldes y troqueles, pero a estos fabricantes les faltan técnicas de fabricación que permitan un flujo regular del trabajo y utilizar efectivamente sus equipos, personal, y materiales en bruto.

Muchas personas de los lugares de trabajo dicen: «No tenemos capacidad. No tenemos suficiente personal para hacerlo». Cambie la forma en la que fluyen las cosas y la forma de organizar sus almacenajes, y descubrirá en tan solo un mes que puede hacer lo que venía diciendo que no podía hacer. No solo podrá hacerlo, ¡podrá incluso eliminar algunos de los procesos!

IDEAS DE OHNO

Las horas-hombre son algo que siempre podemos contar. Pero no llegue a la conclusión de que «estamos cortos de personal», o «no podemos hacerlo».

> *La magnitud de la capacidad del personal está mas allá de la medida. Las capacidades pueden ampliarse indefinidamente cuando cada uno empieza a pensar.*

Trabajo y movimiento

Aplicarse a una tarea significa trabajar. En japonés, el verbo *hata raku* significa trabajar. Alguien ha dicho que trabajar es tener a alguien alrededor (*hata*) feliz (*raku*). En Toyota, definimos con mucha precisión el término *trabajar*. Significa hacer o producir un avance en el proceso, y elevar el valor añadido en ese momento.

Por tanto, el término *trabajo* se aplica solamente cuando una cierta acción en cualquier hipótesis necesaria lleva adelante un proceso o eleva el valor añadido. No denominamos trabajo a que alguien coja algo, suelte o retire algo, deje una cosa encima de otra o busque algo en el lugar de trabajo. Estas cosas son meramente movimientos.

No es que la gente japonesa sea especialmente diligente en sus hábitos de trabajo, pero tienden a sentirse incómodos cuando no tienen nada que hacer en su lugar de trabajo. Después de todo, se les paga por hacer algo, y por el deseo de hacer algo productivo, realizan movimientos innecesarios. Por tanto, en el trabajo, hay dos tipos de movimientos. Uno es el movimiento necesario para hacer productos, que lleva adelante el proceso de fabricación, y el otro es un movimiento que no añade valor. Por supuesto, este es un despilfarro.

Las fábricas están equipadas con canales de alimentación y cintas transportadoras para conectar procesos de fabricación separados. Pero lo que a menudo vemos en estas fábricas es que los trabajadores colocan piezas y materiales en dos o tres filas sobre un tobogán o transportador. Si hay solo un elemento, un transportador de rodillos (o cualquier otro tipo de transportador) puede moverlo con facilidad. Pero su movimiento se dificulta cuando las cosas se colocan una al lado de la otra o dispersas por el transportador. Cuando el proceso siguiente intenta coger los materiales que necesita, tiene que involucrarse en movimientos innecesarios para hacerlo.

Figura 1. Del trabajo al movimiento

Cuando el proceso siguiente coge una pieza, otras piezas pueden caerse del transportador. En ciertas circunstancias, los trabajadores pueden temer pillarse los dedos. El mero acto de coger algunas piezas puede involucrar tensión y trabajo no estrictamente necesario. Difícilmente esos esfuerzos tienen valor.

Coger algo o reemplazar algo significa simplemente que cambiamos el sitio de ciertos elementos. ¡Meramente estamos moviendo unos centímetros o un metro mas allá o mas acá del centro de algo!

¿Qué es importante y qué no lo es, entonces? Cuando hemos enriquecido nuestros paradigmas con esta visión de las cosas, resulta mas fácil diferenciar la carga de trabajo en cada lugar de la planta. Podemos descubrir súbitamente que solamente una mitad de lo que hacemos es trabajo real. Podemos dar una apariencia de trabajo duro, pero la mitad de nuestro tiempo se aplica meramente a hacer movimientos que no implican trabajo real. Nos movemos mucho. Este es un despilfarro terrible y de algún modo debemos eliminarlo.

Reducir las horas-hombre implica reducir el despilfarro e incrementar la carga de trabajo real. No significa que el tamaño del círculo de la figura 1 tenga que agrandarse. Y aumentar la cantidad de trabajo real que hace un trabajador es totalmente diferente de hacerle trabajar mas duro o de que se mueva mas.

Aumento de la densidad del trabajo

Generalmente, se asocia la reducción de las horas-hombre con hacer que los trabajadores trabajen mas duro. En Toyota, nuestro

> ## IDEAS DE OHNO
>
> *Moverse mucho de un lado a otro no significa traba-jar. Trabajar significa facilitar que el proceso siga adelante y completar un trabajo. En el trabajo real hay muy poco despilfarro y solo alta eficiencia.*
>
> *Directivos y mandos deben esforzarse en transformar un mero movimiento (**ugoki**) en trabajo (**hataraki**).*

pensamiento sobre la densidad de la tarea y hacer que los trabaja-dores trabajen mas duro es como sigue:

Un ejemplo de cómo hacer para que los trabajadores trabajen mas duro consiste en incrementar la carga de trabajo sin mejorar el proceso de trabajo en sí mismo. Por ejemplo, en un lugar en el que se han estado produciendo diez unidades por hora, la empre-sa ordena que de ahora en adelante se produzcan quince unidades por hora, sin mejorar el equipo o el proceso de trabajo. Como ilustración de esto, podemos pensar que es como colocar un bulto sobre la cabeza de alguien (o sobre un círculo, como se muestra en la figura 2).

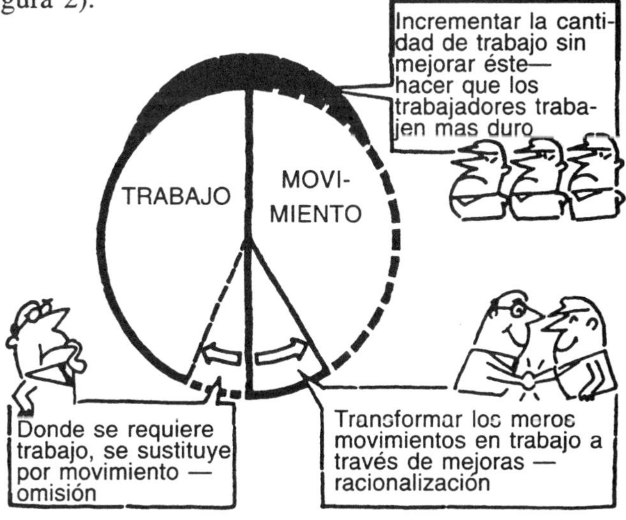

Figura 2. Impulsar la densidad del trabajo

En contraste, la racionalización a través de la reducción de las horas-hombre cambia los movimientos despilfarrados (*ugoki*) en trabajo (*hataraki*) mediante mejoras.

Un acto de omisión (*tenuki*) ocurre cuando alguien no hace lo que se supone que tiene que hacer. Por ejemplo, una placa tiene que asegurarse fuertemente con cinco pernos, pero un trabajador descuidado coloca cuatro o cinco pernos sin apretar cada uno de ellos suficientemente. Este es un acto de omisión o *tenuki*.

El movimiento de reducción de las horas-hombre de Toyota se orienta a reducir el número global de horas-hombre eliminando movimientos despilfarradores y transformándolos en trabajo. Todos nosotros tenemos alguna noción sobre en qué consiste nuestro trabajo. Este movimiento elimina de nuestro trabajo las acciones que no producen beneficio y que no hacen avanzar el proceso. Es un movimiento que canaliza la energía de las personas hacia un trabajo útil y efectivo. Es una expresión de nuestro respeto por la humanidad.

Los empleados entregan a la empresa tiempo y energía valiosos. Si no se les da la oportunidad de servir a la empresa, haciendo que trabajen con efectividad, no pueden sentirse bien. Negar esa oportunidad es proceder contra el principio de respeto a la humanidad.

A veces, la reducción de las horas-hombre se ha considerado como meramente la imposición de trabajar mas duro sin respetar la humanidad. Esto se debe en parte a un malentendido y en parte a un método de práctica equivocada.

Basándonos en lo examinado hasta ahora, podemos definir la *densidad de la tarea* como:

$$\frac{\text{Trabajo}}{\text{Movimiento}} = \text{Densidad de la tarea}$$

El denominador recoge el conjunto de los movimientos, mientras el numerador es el movimiento y acción humana que son trabajo real. El acto de intensificar la densidad de la tarea o de elevación del factor de utilidad de la tarea implica hacer mas pequeño el denominador (eliminando el despilfarro) sin hacer mayor el numerador. Idealmente, la densidad de la tarea debe ser del 100 por cien:

$$\frac{\text{Trabajo}}{\text{Movimiento}} = 100\ \%$$

Alrededor de 1971, el eslógan de Toyota Motor era: «Eliminar el despilfarro mejorando la eficiencia». Esta es otra expresión del intento de hacer mas pequeño el denominador.

Factor de utilidad y eficiencia

En las industrias de manufactura, la eliminación del despilfarro está ligada a la mejora del factor de utilidad. Como resultado, si se pueden fabricar mas productos y piezas que antes, se puede decir que ha aumentado la eficiencia.

El *factor de utilidad* y la *eficiencia* son listones de medida que usamos diariamente. Si empleamos mal estos listones, nos privamos a nosotros mismos de la habilidad para hacer una evaluación correcta. De hecho, podemos vernos frente a una situación en la que la eficiencia se ha elevado pero el coste también.

El término *factor de utilidad* se define como el porcentaje de la relación entre la energía suministrada a la máquina y las capacidades actuales de esa máquina. Cuando esta definición se aplica a la producción, el factor dc utilidad en la producción es el porcentaje de trabajo invertido para producir un producto dado en relación al trabajo requerido para hacer ese producto.

Cuando el factor de utilidad en producción es el 50 por ciento, esto significa que solo la mitad del esfuerzo del trabajador es útil para hacer el producto en particular. El restante 50 por ciento se despilfarra. Cuando el factor de utilidad en la producción es el 80 por ciento, significa que es útil el 80 por ciento del esfuerzo del trabajador, y el factor dé utilidad es mucho mas elevado que en el caso anterior.

Por tanto, en cualquier instalación de producción, tener un alto factor de utilidad significa que la mayor parte del trabajo se invierte en tareas y acciones absolutamente necesarias para producir un producto dado.

En contraste, el término *eficiencia* se usa cuando se desea comparar outputs. Esto es, dentro de un intervalo de tiempo dado, ¿cuántas personas tendrán que producir cuántas piezas? Para comparar, se necesita tener un estándar (criterio). Normalmente, el estándar es el rendimiento actual del pasado mes o año. O bien puede establecerse un estándar mas o menos arbitrario y decir: «Este mes vamos a elevar nuestra eficiencia un 15 por ciento (en relación a nuestro estándar)». Por tanto, a pesar del factor de utilidad, la eficiencia puede exceder el 100 por cien.

No engañarse con la eficiencia aparente

En una línea de producción, 10 trabajadores producen 100 piezas cada día. Como resultado de mejoras, el output diario se ha incrementado en 20, hasta 120 piezas. Esto se suele denominar una mejora de eficiencia del 20 por ciento. ¿Pero lo es?

Cuando se calcula la eficiencia, se expresa así:

$$\text{Eficiencia} = \frac{\text{Output}}{\text{Número de trabajadores}}$$

Generalmente, cuando se habla de elevar la eficiencia, la mayoría de las personas piensan en una elevación del output (el numerador de la ecuación anterior).

Es relativamente fácil incrementar el número de máquinas o el número de trabajadores con el fin de incrementar el output. Por otro lado, con una determinación resuelta, todos los trabajadores pueden colaborar juntos para elevar el output. En un periodo de alto crecimiento económico, o en una empresa que experimenta un incremento en las ventas, cualquiera de los dos planteamientos es por supuesto bueno. Pero en otro periodo o en empresa diferente, ¿puede funcionar bien uno de estos planteamientos?

En una recesión, o cuando están declinando las ventas de la empresa, ¿puede permitir la empresa que esta línea particular produzca 100 piezas diarias como parte del plan de producción? ¿Puede la línea insistir en producir 120 piezas porque esto significa una elevada eficiencia, aunque el plan de producción exija reducir el output a 90 piezas? ¿Qué puede hacer la empresa con las 20 o 30 piezas que se producen en exceso diariamente? La producción en exceso fuerza a la empresa a pagar los costes de tareas y materiales innecesarios. Además están los costes de palets (para almacenaje y transporte) y de las áreas de almacenaje. Para la empresa, la producción en exceso es una pérdida neta. La mejora en la eficiencia que no contribuye al resultado global de la empresa, no es una mejora sino un cambio a peor.

Ahora, usando el mismo ejemplo, pero reduciendo o no cambiando el output necesario, ¿cómo puede una empresa asegurar una mejora en la eficiencia que eleve la rentabilidad?

En tal caso, el proceso debe cambiarse de modo que solo 8, en vez de 10 trabajadores, se requieran para producir 100 piezas. (O si la cantidad requerida es 90 piezas, dejar a 7 trabajadores que realicen la tarea). De este modo, la eficiencia mejorará y estará acompañada de una reducción de costes.

Cuando hablamos de obtener una mejora en la eficiencia del 20 por ciento, hay dos modos de hacerlo. Es fácil incrementar el número de máquinas para elevar la eficiencia. Pero es a veces mas difícil reducir el número de trabajadores y aún elevar la eficiencia. Aunque esto último pueda ser particularmente difícil, debemos enfrentarlo como un desafío. Esto es especialmente importante en un periodo de recesión, cuando debemos obtener eficiencia mediante la reducción de horas-hombre.

Toyota no permite un incremento del output para crear la apariencia de mejora en la eficiencia, cuando hay necesidad de reducir la producción o mantener el mismo output. Denominamos a este comportamiento *mejora de eficiencia por mera apariencia*

IDEAS DE OHNO

Cuando el output necesario no cambia o debe reducirse, no intente mejorar su eficiencia produciendo mas. No intente mejorar la eficiencia por mera apariencia.

Aunque pueda ser difícil, asuma como un desafío reducir las horas-hombre como medio para mejorar la eficiencia.

Es un crimen producir en exceso

Lo que busca el sistema de producción de Toyota es la eliminación total del despilfarro.

Decimos que «el beneficio de un fabricante puede encontrarse en el modo de fabricar las cosas». Esto refleja nuestra filosofía de obtener reducciones de costes mediante la eliminación de las operaciones despilfarradoras. Hay muchos tipos de despilfarros. En Toyota, con el fin de proceder a nuestras actividades de reducción de horas-hombre, dividimos los despilfarros en las siete categorías siguientes:

1. Despilfarro procedente de la producción en exceso.
2. Despilfarro que surge del tiempo parado (en espera).
3. Despilfarro asociado al transporte.
4. Despilfarro que surge en el proceso mismo.
5. Despilfarro que surge del stock innecesario en mano.
6. Despilfarro que surge de los movimientos innecesarios.
7. Despilfarro procedente de la producción de artículos defectuosos.

Lo que puede verse mas comúnmente en muchos lugares de trabajo es la progresión excesiva de la producción. Todo se mueve demasiado rápido. Normalmente, los componentes en producción tienen que consignarse a lugares de espera, pero, no obstante, inmediatamente los trabajadores proceden a la siguiente fase del trabajo. Por tanto, el tiempo que se supone tendría que ser tiempo de espera permanece oculto. Cuando se repite este proceso, los materiales o piezas producidos se acumulan entre o al final de la línea de producción, creando stock en mano innecesario. El transporte o reordenación de este stock requiere la realización de otro tipo de trabajos. Conforme este proceso sigue su curso, resulta cada vez mas difícil ver donde hay despilfarro.

En el sistema de producción de Toyota, denominamos a este fenómeno *despilfarro procedente de la producción en exceso.*

De las muchas modalidades de despilfarro, consideramos a ésta la peor con mucho.

El despilfarro que surge de la producción en exceso es diferente a los demás despilfarros, porque al contrario que los otros, oculta a los demás. Otros despilfarros nos proporcionan pistas o indicios para corregirlos. Pero el despilfarro que surge de la producción en exceso produce una pantalla oscura y nos impide hacer correcciones y mejoras.

Por tanto, el primer paso en cualquier actividad en la reducción de las horas-hombre es eliminar el despilfarro que surge de la producción en exceso. Para hacer esto, deben reorganizarse las líneas de producción, deben establecerse reglas que impidan la sobreproducción, y las restricciones contra la producción en exceso deben ser una característica que se integre en cualquier equipo de la fábrica.

Una vez que se hayan puesto en práctica estos pasos, el flujo de los trabajos será normal. La línea producirá pieza a pieza conforme se necesite. El despilfarro se hará claramente discernible cuando surja. Cuando una línea de producción se reorganiza de esta forma, resultará mucho mas claro involucrarse en la actividad consistente en «eliminar el despilfarro — reasignar el trabajo — reducción del personal».

El *despilfarro que surge del tiempo parado (en espera)* se crea cuando un trabajador permanece sin hacer nada como observador de una máquina automática, o cuando no puede hacer manualmente nada constructivo porque la máquina está funcionando.

Este despilfarro se crea también cuando el proceso precedente falla no entregando las piezas necesarias para el proceso presente, impidiendo así que trabaje este proceso.

En la ilustración inferior, se asigna un trabajador a cada una de las máquinas *a*, *b*, y *c*. En este proceso, el trabajador permanece sin hacer nada mientras la máquina está en producción. Cada uno de ellos no trabaja, incluso aunque lo desearan, y se produce el despilfarro del tiempo sin trabajar.

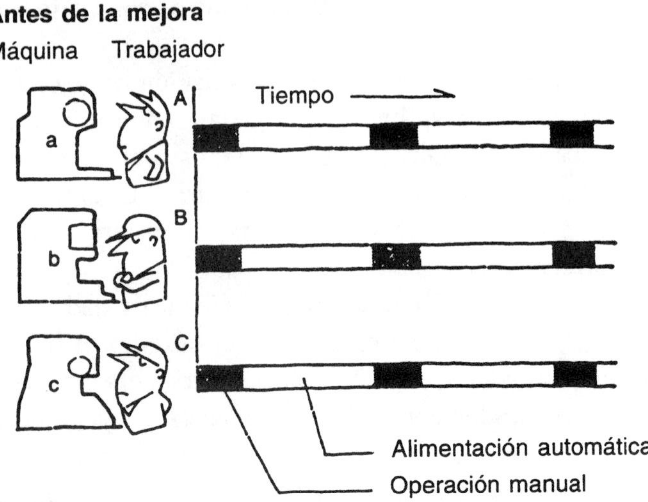

Figura 3. Despilfarro que surge del tiempo en que se está observando o supervisando la máquina sin hacer nada

Con el fin de eliminar este despilfarro, se le asignan al trabajador A las operaciones de las tres máquinas, de modo que pone en operación secuencialmente los mecanismos de alimen-

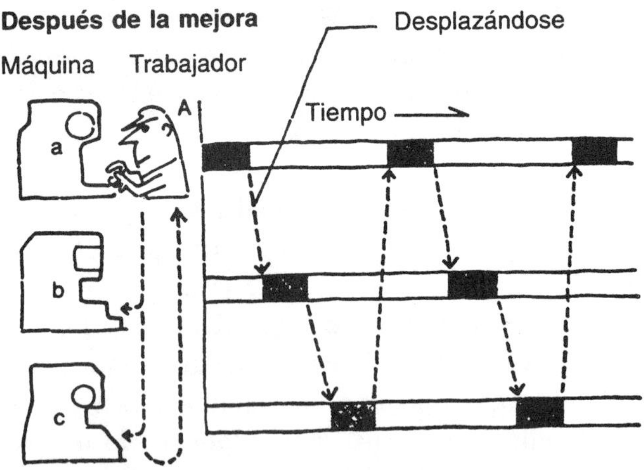

Figura 4. Eliminación del despilfarro que surge del tiempo en espera mientras la máquina funciona en automático

tación automática de las máquinas. Con esta organización, el trabajador A coloca material en la máquina *a* pulsa el conmutador de arranque y se desplaza a la máquina *b* y la hace arrancar. Se desplaza entonces a la *c*, y repite el mismo proceso que ha hecho en las máquinas *a* y *b*. En el momento en que el trabajador A vuelve a la máquina *a*, esta ha completado su trabajo y puede empezar otra ronda igual de actividades.

Habiendo eliminado el despilfarro que surge con las esperas, pueden retirarse dos trabajadores del proceso de trabajo. Similarmente, se puede considerar la eliminación de los movimientos innecesarios, que no contribuyen al trabajo en sí.

Con el término *despilfarro que surge del transporte* nos referimos al despilfarro causado por los desplazamientos a distancias innecesarias de los elementos, así como por su almacenaje temporal o cambio de disposición. Por ejemplo, tradicionalmente las piezas o componentes se transfieren desde un gran palet de almacenaje a otro mas pequeño y entonces se colocan temporalmente cerca o sobre una máquina hasta que finalmente se procesan. Sin embargo, reduciendo el tamaño de los lotes al mínimo y cambiando la disposición y los elementos del lugar de trabajo, podemos eliminar la mayor parte del despilfarro de transporte. Véase la figura 5, en la que estos cambios han permitido que un trabajador atienda a dos máquinas.

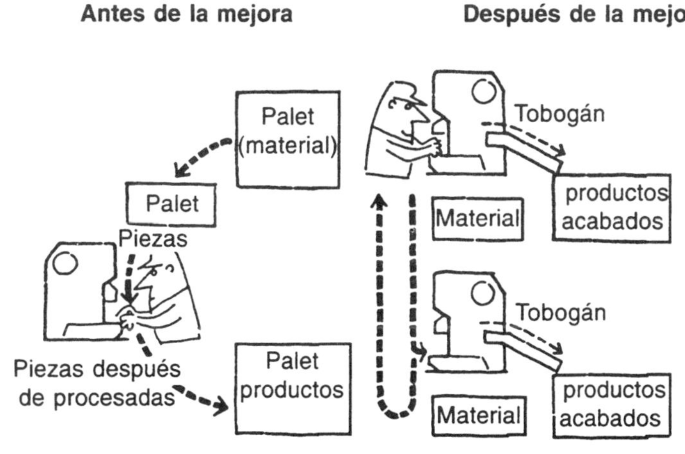

Figura 5. Eliminación del despilfarro del transporte

Otro caso de despilfarro de transporte tiene lugar cuando las piezas se transfieren desde un almacén a la fábrica, desde la fábrica a las máquinas, y desde las máquinas a las manos de los trabajadores. En cada uno de estos pasos, las piezas tienen que reordenarse y desplazarse.

El *despilfarro en el proceso mismo* sucede, por ejemplo, cuando un pasador de guía de una plantilla no funciona apropiadamente y el operario tiene que sostener la plantilla con su mano izquierda. El proceso no procede lisamente y se despilfarra tiempo.

Además, hay despilfarros que surgen del stock innecesario en mano, de los movimientos innecesarios y de la producción de productos defectuosos. No son necesarias explicaciones para cada uno de estos conceptos.

IDEAS DE OHNO

Un trabajador o una línea con capacidades en exceso inevitablemente sigue avanzando y haciendo progresar la producción si se les deja solos. Cuando sucede esto, los despilfarros quedan ocultos.

En otras palabras, la producción en exceso crea un incontable número de despilfarros, tales como personal en exceso, uso anticipado a la necesidad real de materiales, energía y otros recursos, cargos de intereses sobre stocks de productos acabados, áreas de almacenaje necesarias para acomodar stocks excesivos, y costes de manejo y transporte de productos.

En un periodo de crecimiento lento, la producción en exceso es un crimen.

Eliminación profunda del despilfarro

Hay muchos encargados y supervisores que permiten a sus subordinados trabajar en algo que sospechan incluye despilfarros. Muchos de ellos consideran tales actos como parte necesaria de los trabajos, mientras por otro lado, a menudo no comprenden la naturaleza del despilfarro.

Por mucha determinación que se tenga para eliminar el despilfarro, si no se sabe lo que constituye despilfarro, no hay modo de eliminarlo. Por tanto una tarea importante para cada uno de nosotros es asegurar que el despilfarro se haga patente para todos — de modo claro y distintivo — siempre que aparezca. Este es el primer paso para obtener una mejora de la eficiencia.

Entre los muchos tipos de despilfarro, algunos se disciernen fácilmente y otros se identifican difícilmente. Entre ellos, el mas fácil de discernir es el despilfarro que surge de las esperas o tiempos en los que el trabajador no hace nada.

Por ejemplo, si el tiempo de ciclo es de tres minutos y hay un periodo de un minuto de espera antes de que un trabajador reasuma su trabajo, el trabajador, su supervisor y otros supervisores ciertamente percibirán que este minuto es un despilfarro. Sin embargo, si el trabajador se mueve alrededor de la máquina para agotar este minuto como si estuviese trabajando (despilfarro de espera, de transporte, o del proceso en sí, si no estuviese haciendo algo estrictamente necesario), entonces no se percibirá una imagen clara del despilfarro real. O si emplea este tiempo para procesar el siguiente elemento mientras con ello reduce el tiempo de tacto necesario para el programa de producción del día, nadie podrá ver que se ha producido realmente un despilfarro (el despilfarro de la producción en exceso). Todos estos despilfarros pueden asociarse al despilfarro que surge de la espera. Esto podría facilitar el diseño de medidas correctoras adecuadas.

En este contexto, podemos considerar la adopción de los tres pasos siguientes:

1. Asegurar que los trabajadores cumplan estrictamente las operaciones estándares. No permitir ninguna desviación.
2. Utilización del kanban para controlar la producción. Controlar los movimientos hacia adelante de las piezas y componentes a través del sistema de producción.*
3. Indicar claramente en la línea transportadora el área de trabajo de cada operario, impidiendo que cualquier operario vaya mas allá del programa haciendo trabajo en exceso.

---

* Véase Capítulo 5

Explicaremos estos pasos en los siguientes capítulos. Una cosa importante a recordar es que para eliminar el despilfarro, primero hay que identificarlo. Debe reorganizar el lugar de trabajo de modo que el despilfarro pueda encontrarse fácilmente. Cada uno de los pasos que tome pueden parecer insignificantes en sí mismos. Por ejemplo, puede incluso que tenga que ocuparse de una pequeña cantidad de artículos que se almacenan entre dos procesos. Pero en tanto que el problema se relacione con el movimiento «elevación de la eficiencia – reducción de costes», debe estar preparado para plantear la cuestión: «¿Porqué tiene que estar aquí este stock?» Antes de mucho, podrá encontrar alguna pista que le conduzca a la mejora que busca.

La elevación de la eficiencia puede obtenerse mediante la eliminación del despilfarro. Por supuesto, hay muchos modos de encontrar diferentes despilfarros. Pero el modo mas efectivo consiste en *investigar la asociación de tales despilfarros con el despilfarro que surge de las esperas*. Este es fácil de detectar, y facilita el primer paso hacia la elevación de la mejora.

Esta dedicación total a la eliminación del despilfarro es el corazón y el espíritu del sistema de producción de Toyota. Constituye también su fuente de beneficios.

2
SUPUESTOS BASICOS DEL SISTEMA DE PRODUCCION DE TOYOTA

Sistema de producción de Toyota y sistema Kanban

Muchas personas asocian inmediatamente el sistema de producción de Toyota con el sistema Kanban. Mientras esto no está equivocado del todo, no es precisamente exacto.

El *sistema kanban* es uno de los métodos de control utilizados en el sistema de producción de Toyota (el modo de fabricar las cosas). Se puede examinar el sistema kanban fuera de contexto. Sin embargo, si se intenta imitar el sistema de Toyota sin considerar todos los factores que contribuyen a su éxito, entonces los esfuerzos serán en vano.

El sistema de producción de Toyota es único y sin paralelo. El pensamiento que lo funda y el método de ejecución se han perfeccionado a lo largo de años de ensayos y errores.

En pocas palabras, es un sistema de producción basado en la filosofía de la eliminación total del despilfarro, que busca el máximo de racionalidad en el modo de hacer las cosas. Denominamos a esto sistema de producción estilo Toyota, o sistema de producción de Toyota. En el resto del libro, usaremos el término *sistema Toyota* para referirnos a él.

Solo cuando el sistema de producción de Toyota se aplica satisfactoriamente en su integridad, puede utilizarse con efectividad el sistema kanban. Sin cambiar el método de hacer las cosas, es imposible obtener beneficios del sistema kanban.

Es conveniente que tome buena nota de esto, antes de seguir adelante con éste capítulo.

Perfil del sistema Toyota

Hemos preparado un gráfico para facilitar una visión rápida del sistema Toyota (véase figura 6).

Una condición ideal de la fabricación es que no haya despilfarro en máquinas, equipos y personal, y donde todos los recursos puedan combinarse de forma que el máximo de operaciones añadan valor para producir beneficios. La preocupación mas importante es aproximarnos estrechamente a este ideal.

Para aproximar el flujo de las cosas a esta condición ideal — sea entre operaciones, líneas, procesos o fábricas — hemos diseñado un sistema en el que los materiales necesarios se obtienen *«just-in-time»*, esto es, exactamente cuando se necesitan y en la cantidad necesaria.

Por otra parte, para que esta condición ideal tenga lugar en las operaciones de la línea, incluyendo máquinas y equipos, si hay alguna anormalidad, todo debe parar inmediatamente a discreción del trabajador o trabajadores involucrados. (Las máquinas deben estar dotadas de la misma facultad). Las razones para la ocurrencia de la anormalidad deben investigarse desde el principio (su raíz). Esto es lo que denominamos *automatización con tacto humano.*

Estimamos que lo mejor es fabricar cada cosa de una forma equilibrada. Esta *producción con cargas niveladas* sirve como base para los dos pilares del sistema Toyota: el «just-in-time» y la automatización con tacto humano.

Características del sistema Toyota

Ahora que tenemos una noción general de la estructura del sistema Toyota, podemos proceder a enumerar las características de este sistema. De este modo, podremos discernir las ideas básicas que fundamentan el sistema Toyota.

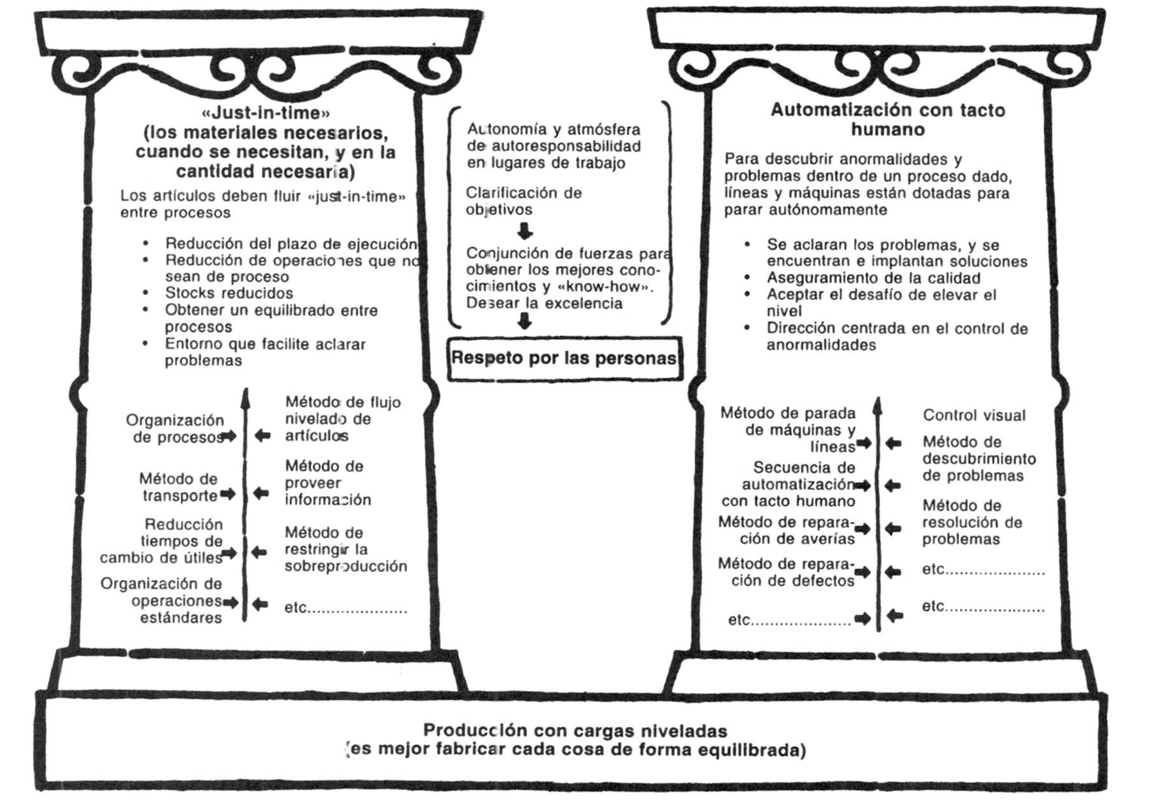

Figura 6. Los dos pilares del sistema Toyota

IE directamente conectada con la dirección

No hay una fórmula específica para un método de producción que pueda aplicarse a todos los productos en todos los procesos. Por tanto, un producto puede fabricarse por un trabajador en una empresa mientras en otra se precisan dos trabajadores para hacer el mismo trabajo. Otra empresa poco preocupada con el método de producción, puede incluso requerir tres operarios para hacer el mismo trabajo.

En este caso, la empresa que utiliza tres trabajadores debe asumir un coste mas elevado por transportadores, almacenajes, palets, cintas y otras instalaciones. Además de esto, habrá un incremento en el coste de personal indirecto. Su coste total será muy superior al de otras empresas, y su beneficio muy inferior.

La ingeniería industrial (IE) juega un papel extremadamente importante en la gestión de una empresa. Las empresas que no hacen una aplicación seria de la IE son en gran parte como casas construidas sobre arena. En Toyota tenemos un adagio: «La IE hace dinero». Asignamos a la IE una función firmemente establecida para impulsar la mejora en las actividades de producción.

En cuanto al sistema de producción, nuestro pensamiento básico se indica en las siguientes líneas. Estos criterios se adoptan con el fin de impulsar que todas las divisiones relacionadas con producción operen mas eficientemente en su conjunto.

1. *El plan de producción debe cargarse niveladamente*. Si solo pensamos en el proceso de montaje final, puede parecer que lo mas eficiente es disponer que el mismo tipo de productos fluyan a la vez (en una serie continua). Pero esto creará cierto número de despilfarros en los procesos precedentes.

2. *Hacer el tamaño del lote tan pequeño como sea posible.* La estampación de metales se hace en lotes, y el tamaño de lote debe ser tan pequeño como sea posible. Esto evita crear un gran stock e incrementar los procesos requeridos para manipulación y transporte. En estas condiciones, una confusión en la asignación de prioridades da como resultado a menudo faltas (rupturas de stock) de ciertas piezas, creando la impresión de que las capacidades del proceso de estampación son inadecuadas (a pesar de la

producción en exceso). No es extraño entonces que algunos directivos puedan insistir en la instalación de líneas adicionales. La producción en pequeños lotes evita estas dificultades. Sin embargo, para asegurar que la producción en pequeños lotes no de lugar a un descenso de capacidad de producción, es necesario mejorar sustancialmente los procedimientos de cambio de útiles.

3. *Ser tenaz en la resolución de producir solo lo que se necesita, cuando se necesita y en la cantidad necesaria.* Esto asegurará que no surja el despilfarro asociado con la producción en exceso.

La actitud científica implica dar énfasis a los hechos

En las áreas de trabajo, empezamos por estudiar los fenómenos reales, investigamos las causas y perfilamos una solución. No podemos desviarnos de este planteamiento. En otras palabras, todo lo relacionado con los lugares de trabajo se basa en hechos. Cualquiera sea la cantidad de información que se facilite mediante datos, es difícil componer un cuadro real del lugar de trabajo a través de datos. Cuando se producen defectos, y solo los investigamos a través de los datos, perdemos la oportunidad de tomar medidas correctoras apropiadas. Así no seremos capaces de descubrir la verdadera causa de los defectos, ni tendremos la habilidad necesaria para tomar medidas efectivas contra la recurrencia. El lugar en el que podremos capturar con precisión el verdadero estado de las cosas es el propio lugar de trabajo. Podemos captar el suceso del defecto en el lugar de trabajo y entonces identificar la verdadera causa. Podremos adoptar inmediatamente contramedidas. Estas son las razones por las que en el sistema Toyota, decimos que los datos son importantes pero damos mayor énfasis a los hechos captados en el propio lugar de trabajo.

Cuando se produce un problema, si el modo de investigar la causa es insuficiente, las medidas adoptadas pueden ser un fracaso. En Toyota, aplicamos el enfoque denominado cinco W y una H. Las cinco W no representan los convencionales «quién, cuándo, dónde, qué y porqué», sino la pregunta «porqué» repetida cinco veces antes de finalmente preguntar «cómo». De este modo, profundizamos en la verdadera causa que está oculta en una cadena de causas. Es esencial que lleguemos hasta la verdadera causa raíz.

Para que este método se entienda plenamente por todos, adoptamos los siguientes pasos:

1. *Asegurar que cada uno pueda comprender dónde está el problema.* Si sabemos dónde está el problema, es relativamente fácil resolverlo. Demasiado a menudo surgen dificultades por que no podemos determinar cuál es el problema o dónde está. Por tanto, usamos frecuentemente el *kanban* y el *andon.* (El término *kanban* se refiere generalmente al cartel o letrero señalizador de una tienda o almacén comercial, pero en Toyota se aplica simplemente a una pequeña tarjeta que se muestra al frente de un contenedor de piezas o al frente de un trabajador. El término *andon* se aplica a una lámpara japonesa con una pantalla de papel, pero en Toyota significa simplemente una luz, en su forma original, o una luz de aviso, conforme exija la ocasión).

2. *Aclarar el propósito de la tarea de resolución del problema.* Investigamos la verdadera causa y ofrecemos una solución. Si no investigamos profundamente en la verdadera causa, puede que ofrezcamos meramente una solución temporal, que no podrá evitar la repetición de la ocurrencia.

3. *Incluso si solo hay un elemento defectuoso, determine una acción correctiva.* Incluso si el defecto se produce solamente una vez cada varios miles de veces, compruebe los hechos. Revisando los hechos, puede encontrarse la verdadera causa y adoptarse pasos que eviten la repetición de defectos. Este tipo de defecto es mas difícil de encontrar que los que ocurren frecuentemente. Esté atento, y no pase por alto cuando suceda.

La actividad de reducción de horas de personal debe ser una práctica continua

Se requiere en esto un planteamiento paso a paso. Debe definirse un elevado objetivo, pero la puesta en práctica requiere un progreso en fases. En Toyota, concedemos un gran énfasis a los resultados. De estos dos supuestos básicos, surgen las siguientes consideraciones:

1. *Pasar desde la mejora del trabajo a la mejora del equipo*. Toyota insiste en realizar una fase de mejora del método de trabajo exhaustiva antes de pasar a la fase de mejora del equipo.

Cuando aún podrían conseguirse buenos resultados trabajando algo mas en la mejora del trabajo, y esta no se ha realizado suficientemente, no hay justificación para invertir una gran suma en la automatización con máquinas. El efecto de la introducción de máquinas automáticas puede ser en muchos casos aproximadamente igual que la práctica de una profunda mejora del trabajo. En tal caso, se despilfarra el dinero invertido en equipos.

2. *Diferenciar entre horas-hombre y número de trabajadores, y entre ahorro de tareas y ahorro de personal*. En el cálculo del número de horas-hombre requerido, es posible decir que un cierto proceso requiere de 0,1 a 0,5 de trabajador. Pero en realidad, el trabajo que requiere solo 0,1 trabajador aún necesita una persona. Por tanto, si la carga de un trabajador se reduce en 0,9 trabajador, con todo no se consigue reducir el coste. La verdadera reducción de costes solo se consigue reduciendo el número de trabajadores.

Por tanto, cuando trabajemos en la mejora de las horas-hombre, deben prestar atención a reducir el número de trabajadores.

Cuando se instalan equipos o mecanismos automáticos, puede haber un ahorro de tarea humana de 0,9 trabajador. Pero si el proceso requiere aún 0,1 trabajador, el dinero gastado no resulta en la reducción del número de trabajadores. Esto se estima a menudo erróneamente como ahorro de trabajo o tarea. Con el fin de evitar confusiones resultantes del uso de este término, Toyota se refiere a la reducción del número de trabajadores, que puede generar realmente una reducción de costes, con el término de *ahorro de personal* diferenciando éste del *ahorro de trabajos o tareas*.

3. *Chequear significa pensar profundamente sobre algo*. Una actividad de mejora se completa cuando se consigue el resultado buscado.

Si el resultado no puede obtenerse, a menudo lo que sucede es que se ha hecho la revisión del trabajo sin dedicarle mucho pensamiento. Hay que confirmar el resultado del cambio en el propio lugar de trabajo, ajustar todas las partes inadecuadamente conformadas y confirmar de nuevo el resultado. Repitiendo este proceso, puede obtenerse un buen resultado del trabajo de mejora.

Cuando chequeemos cosas, no hay que meramente observarlas por encima. Debe ser un proceso cuidadoso en el que se repiense y reflexione sobre nuestro propio trabajo.

«Economía» es todo en el estándar de valoración

El objetivo de la reducción de las horas-hombre es reducir el coste. Por tanto, en cada proceso de estudio debe haber un punto de referencia que pregunte: «¿Cuál es el modo mas económico?» En la aplicación práctica, tenga en cuenta las siguientes consideraciones:

1. *El grado de intensidad de operación del equipo se determina por la cantidad de producción requerida*. Algunas personas dicen que cuanto mas elevado sea el grado de operación del equipo (por ejemplo, 100 por cien del tiempo), mejor, y producen en exceso con relación a las necesidades de cada día. Deben almacenar los productos en exceso, y la pérdida resultante de la producción en exceso es de lejos mayor que si hubiesen producido solo lo necesario. No es bueno establecer un estándar basado en elevar el grado de intensidad de operación. No debe ignorarse el hecho de que el grado de operación de las máquinas debe basarse en la cantidad de producción requerida.

2. *Cuando tenga tiempo disponible, úselo para practicar el cambio de útiles*. Los salarios de los trabajadores que no tienen nada que hacer durante un cierto intervalo continúan siendo los mismos sea que estos no hagan nada o practiquen el cambio de útiles. Si hay tiempo disponible, utilice ese tiempo para practicar los cambios de útiles, que son relativamente complicados, o en el aprendizaje de las operaciones estándares de alguna otra operación.

El lugar de trabajo es el jefe

Consideramos que el lugar de trabajo tiene entidad orgánica. Los trabajadores no confían sus cerebros a la dirección. Por tanto, la ingeniería no debe actuar como si fuera el comandante en jefe del lugar de trabajo. Por el contrario, debe resaltarse y respetarse la autonomía del lugar de trabajo. La división de ingeniería apoya al lugar de trabajo y le facilita servicios en las áreas que necesita. Asegura que la responsabilidad no se disperse y que la información facilitada no sea excesiva o deficiente.

Impulsar respuestas inmediatas ante los cambios

Una vez establecido un plan, a menudo se fuerza un cambio debido a condiciones internas o externas. Si el lugar de trabajo insiste en realizar el plan original, se producirán distorsiones, y esto puede afectar adversamente al resto de la empresa.

El lugar de trabajo debe establecer un sistema que pueda responder rápidamente a cambios forzados por la interacción de condiciones internas y externas. Cuanto mayor sea la habilidad para responder a cambios, mas fuerte es el lugar de trabajo.

Por ejemplo, debido a un incremento o reducción de la producción o a una parada de la línea, tiene que cambiarse el plan asignado al lugar de trabajo. Si el lugar de trabajo puede establecer el mejor sistema posible para resolver rápidamente todos los problemas, y este proceso no genera confusión, entonces está consiguiendo un estilo ideal de operación. Decimos entonces que este lugar de trabajo tiene su propio espíritu.

El objetivo es la reducción de costes

El sistema Toyota es una serie de actividades que promueven la reducción de costes a través de la eliminación del despilfarro propulsando el incremento de la productividad. Todas las actividades de mejora deben contribuir directamente al objetivo de la reducción de costes.

En un análisis final, los diversos métodos de mejora y los conceptos que lo sustentan, deben relacionarse con la reducción de costes. A la inversa, la reducción de costes es el criterio básico en el que debe fundarse nuestro juicio.

Si este criterio básico no se entiende claramente, algunos directivos pueden convertirse en postulantes irreflexivos de mejora. Excesivamente ansiosos de producir mejora tras mejora, pueden terminar creando el despilfarro que surge de la producción en exceso.

Una empresa puede gastar dinero en mejorar su equipo y gastar tiempo para mejorar sus operaciones, y con todo, al final encontrarse que lo único que ha logrado es aumentar sus stocks en exceso. Cuanto mas haga, en peor situación se encontrará. Esta es una actuación de mejora que contribuye a poner a una empresa en una situación difícil.

Es fácil decir «reducción de costes», pero para adoptar una decisión tenemos dos caminos, y deben diferenciarse claramente. El primero es una cuestión de juicio, determinar qué es mas ventajoso entre A y B. El segundo es una cuestión de selección, seleccionar el plan mas ventajoso económicamente entre los planes A, B y C, por ejemplo.

Un objetivo, muchos planteamientos

¿Debe la empresa fabricar determinado producto o subcontratar su fabricación? ¿Debe una empresa comprar una máquina para usarla en exclusiva en cierto proceso, o debe utilizar para este proceso particular una máquina que ya posee en concurrencia con otros usos? Esta son cuestiones de juicio, y la empresa debe decidir si A o B tienen mayor ventaja global para la empresa.

Ahora, consideremos la cuestión de la selección: la selección de un plan por sus ventajas económicas entre diversas opciones.

Por ejemplo, la meta es reducir la mano de obra, para lo que hay diversos planteamientos. La automatización puede reducir la necesidad de mano de obra, reestructurando el proceso de trabajo. O puede introducirse un robot. La empresa debe estudiar cuidadosamente todas estas opciones para determinar cuál es la mas ventajosa.

Asumamos que hay un plan que sugiere que se instale un mecanismo de control eléctrico, que cuesta 500$, y que reduce en uno el número de trabajadores. Esto representa un considerable ahorro para la empresa, y parece una buena idea. Pero ¿es real-

Figura 7. Un objetivo, muchos planteamientos

mente necesario tal mecanismo? Por ejemplo, con un examen mas estricto, vemos que cambiando la secuencia del proceso, puede retirarse una persona de ese proceso particular. Por tanto, los 500$ son realmente un despilfarro. Se trata de un plan prematuro. En todo caso, debemos seleccionar un plan que pueda ahorrar mas que lo que puedan hacer otros planes. A menudo, sin pensárselo mucho, las empresas seleccionan automatizar. No conscientes del error que acabamos de mencionar.

Al emprender la tarea de la mejora, como hemos examinado, durante la fase de investigación hay dos alternativas. Lo que es importante recordar es que hay muchos planteamientos y métodos para alcanzar el mismo objetivo. De modo que debe estudiar cuidadosamente tantos planes como sean posibles, tener en cuenta los objetivos globales de la empresa, y seleccionar entonces un plan que se ajuste mejor al proceso particular.

No prosiga en su actividad de mejora sin una investigación amplia. Puede de otro modo terminar perfilando un plan de mejora que cueste demasiado. Asegúrese de tener esto presente siempre.

IDEAS DE OHNO

Cada decisión debe basarse en estos principios:

«¿Puede reducirse realmente el coste?» y «¿Puede esta acción mejorar el resultado global de la empresa?»

Capacidad en exceso y ventaja económica

La toma de decisión sobre ventaja económica puede verse influida por la existencia o no existencia de exceso de capacidad productiva. Si hay exceso de capacidad, si se presenta la oportunidad de aceptar un nuevo pedido, la empresa meramente usará máquinas y trabajadores que no están ocupados. No hay nuevos gastos en estos recursos, y el proceso entero puede tener el carácter de *libre* para la empresa.

Producir dentro de la empresa o subcontratar. ¿Debe una cierta pieza producirse dentro o subcontratarse? A menudo, la dirección compara los costes relativos. Sin embargo, si hay exceso de capacidad dentro de la empresa, el nuevo coste que se crea es meramente un agregado del coste de materiales y energía. No es necesario hacer comparaciones de costes en este caso. La ventaja está en producir dentro de la empresa.

Uso de stock disponible. Un trabajador que transporta piezas de una línea a otra normalmente estará esperando hasta que el palet se llene. Organizar que haga algún trabajo de preparación o en la propia línea durante este tiempo no eleva el coste. No hay necesidad de estudiar beneficios y pérdidas en esta situación. El tiempo invertido aquí no puede incrementarse al coste de horas-hombre de esas tareas.

Como demuestran estos ejemplos, cuando hay exceso de capacidad, no es necesaria la contabilidad de costes para determinar qué acción es mas ventajosa para la empresa. Es importante conocer en todo momento la existencia de exceso de capacidad. Si esto no está claro, es probable que los directivos tomen decisiones equivocadas y eleven el coste para la empresa.

¿Qué es utilización efectiva?

Las instalaciones y personal son normalmente adecuadas pero en ciertas épocas permanecen en paro por falta de trabajo. Esta es una perspectiva que no deja de presentarse en muchas empresas.

Cuando se presenta este tipo de situación, la reacción a menudo es «bien, no podemos hacer nada respecto a las máquinas, pero es un despilfarro permitir que los trabajadores estén sin hacer nada». De modo que los directivos ordenan a los trabajadores cortar el césped o limpiar las ventanas. Este es un enfoque equivocado.

Estos directivos pueden tener en su cabeza la idea de utilizar efectivamente a los trabajadores parados. Pero aunque el césped se corte limpiamente o las ventanas se mantengan limpias, esto no produce ni un dólar de beneficio. La utilización efectiva debe al menos reducir los costes. Esto es especialmente importante cuando no puede encontrarse trabajo para los trabajadores y no hay modo de incrementar el valor añadido para la empresa.

En cierta fábrica, no había disponible ningún trabajo y los trabajadores estaban literalmente sin hacer nada. Sucedía que en cierto número de puntos de la fábrica había problemas de fugas de agua que no se habían podido atender cuando la fábrica estaba en ocupación plena. La empresa decidió reparar las fugas durante este periodo. Durante los meses siguientes, la factura del agua se redujo en 5.000 dólares cada mes. Este es un ejemplo de verdadera utilización efectiva.

Es un despilfarro, ¿cómo no utiliza esa máquina tan costosa?

Muchas personas tienen la noción errónea de que un equipo costoso ya adquirido debe tener una ocupación plena para conseguir recuperar su valor. Cuanto mas elevado es su precio de compra, mas elevada es su amortización. Por tanto, se siente que a menos de que el grado de operación, o tasa de utilización de la máquina, esté cercano al 100 por cien, se pierde dinero.

Sin embargo, mientras puede ser verdad que cuanto mas elevado sea el índice de ocupación es mejor, la pérdida resultante de la producción en exceso puede ser de lejos superior si la fábrica produce algo que no es necesario. Por tanto, como ya señalamos anteriormente, es arriesgado establecer el criterio exclusivamente sobre la base de elevar el índice de operación. No debe ignorarse el hecho de que los índices de operación de máquinas y equipos deben basarse en la cantidad requerida de producción.

En Toyota estamos seriamente comprometidos con la idea de que debemos respetar esencialmente el trabajo de nuestro personal, usualmente oculto detrás de la productividad de las máquinas. En otras palabras, estamos centrados en las personas no en las máquinas. Si estuviésemos centrados en las máquinas, podríamos eventualmente producir en exceso y crear excedentes de trabajadores. Si desarrollamos nuestro programa de trabajo de modo que se centre en las personas, seremos capaces de ajustar correctamente los índices de operación de las máquinas y eliminar el despilfarro que surge del exceso de trabajadores. Podemos lograr esto programando el trabajo de modo consistente con la demanda o output requerido, y operando las máquinas consecuentemente.

El dinero ya invertido lo denominamos *coste sumergido*, un dinero que no puede usarse ya para otros planes. Cuando se piense en mejoras, este dinero no puede considerarse como un factor restrictivo. Se han cometido muchos errores como consecuencia de esto.

Por ejemplo, puede existir el sentimiento de que se pierde el dinero si una máquina de alto rendimiento o muy costosa no se utiliza. Pero en principio, en tanto que la máquina está en el lugar de trabajo, sea su coste alto o bajo, no están relacionados el precio de la máquina y la utilización que se haga de ella. Si lo que se plantea es si usar una máquina de alto precio u otra de bajo precio, el criterio es simplemente usar la que tenga el coste de operación mas bajo.

Alta velocidad y rendimiento pueden ser un error

Los asientos de automóviles se cosen mediante máquinas cosedoras industriales. Algunas líneas del cosido son rectas y otras curvas. Cuando uno está de pié, al lado de esas máquinas, escucha los sonidos: JA-JA-JA-JA-JA..... El sonido de la máquina de coser cambia y se interrumpe cuando el trabajador pasa de coser una línea recta a una curvada, o a una pieza compleja.

Las máquinas se impulsaban pedaleando con los piés. Actualmente las máquinas están dotadas de motor y su velocidad es mayor. Usan un embrague para conectar y desconectar la energía, de modo similar a un automóvil.

La mayoría de los trabajadores poco cualificados no tienen ningún problema guiando hacia adelante una pieza de tejido

cuando el cosido es recto, y usualmente cosen esa parte de un tirón. En las líneas curvas, no pueden mover el tejido hacia adelante consistentemente con la velocidad de la máquina. De modo,
que ralentizan la velocidad y su ritmo de trabajo se refleja en los
sonidos interrumpidos JA, JA, JA.

En el caso de los trabajadores veteranos expertos, su ritmo es
aproximadamente el mismo sea que las líneas sean rectas o curvas. Por otro lado, no cosen la parte de línea recta de un tirón.
Su movimiento es ligeramente mas lento que el de los trabajadores no experimentados, pero emiten un sonido JA-JA-JA-JA
nivelado. Con el mismo ritmo, proceden a coser la parte curva.

Esto es consecuencia de que cuanto mas experimentados son
los trabajadores, mejor es su acción con el embrague. En cierto
sentido, controlan la velocidad mecánica de la máquina con su
tacto personal, ralentizando la velocidad de la máquina para satisfacer los requerimientos de su trabajo.

Tradicionalmente, las máquinas industriales tenían que coser
materiales gruesos y duros, por lo que sus velocidades no eran
muy rápidas. Pero gracias a nuevas tecnologías, sus velocidades
son ahora mucho mayores, y son literalmente máquinas de alta
velocidad y rendimiento. Por otro lado, con la velocidad y el
rendimiento, también ha aumentado el precio.

Pero, estas máquinas costosas pueden parar con frecuencia
cuando están en manos de operarios poco experimentados.
Mientras, los veteranos reducen su velocidad para satisfacer los
requerimientos de su trabajo. En este contexto, ¿porqué es necesario comprar estas costosas máquinas?

Teniendo esto en cuenta, Toyota pidió a una empresa colaboradora que fabricase máquinas de menor velocidad. El coste de
éstas resultó ser la mitad del de las máquinas de alta velocidad.

Un poco de tiempo en exceso llega a ser mucho tiempo

El coste que se repite cada día es frecuentemente tan discreto
y poco importante cada vez que se considera, que es fácil pasarlo
por alto. A la inversa, el coste que se produce solamente una vez
a menudo parece representar algo importante por que la suma

para una vez es sustancial. Sin embargo, si calculamos el coste del pequeño despilfarro diario para un periodo de dos años como un solo agregado, nos veremos desagradablemente sorprendidos por la suma que representa. Podemos estimar que el gasto a hacer de una vez necesario para eliminar ese despilfarro (o el que hay que hacer para encontrar alternativas menos costosas) es demasiado elevado, pero si omitimos eliminar ese despilfarro continuo, al final podemos incurrir en una pérdida mayor. No debemos dejarnos llevar por un sentimiento vago. Siempre debemos hacer cuentas. Instalar luces de señal y kanbanes, siempre tendrá un coste añadido. O cuando se implanta la mejora, durante un estricto periodo, puede incluso incrementarse el trabajo extraordinario. Sobre estos temas siempre surgen debates, pero debemos recordar siempre que tenemos que contar cuidadosa y precisamente.

Cómo usar patrones de referencia

Algunas expresiones familiares, tales como «Ha aumentado el índice x», o «Este método rinde un índice y mas elevado y por tanto es mas ventajoso», pueden sonar bien. Pero dependiendo de los objetivos que busca la empresa, este tipo de pensamiento puede conducir a juicios erróneos. Patrones de referencia tales como el porcentaje de beneficio de un producto o de una inversión particular son herramientas útiles. Con todo, hay veces en las que estos patrones de referencia no pueden usarse para seleccionar un plan de producción o inversiones ventajosos.

Ya me he referido al índice de operación en cierto número de veces. Es equivocado asumir que una declinación en el índice de operación equivale a una pérdida. El modo mas rentable, y a la vez menos despilfarrador, es fabricar los productos en el momento necesario y en la cantidad necesaria. Si una empresa está demasiado preocupada con el índice de operación e insiste en operar todas las máquinas al 100 por cien de su capacidad, puede terminar con excedentes de productos terminados apilándose aquí y allí. Requerirá probablemente grandes cantidades de horas de personal justamente para manejar estos excedentes de productos. También la empresa se verá forzada a comprar y pagar mas materiales y componentes de los que puede facturar a través de sus ventas actuales.

Cuando esto se ve desde la perspectiva de gastos e ingresos, la cantidad gastada puede estar muy por encima de lo prudente y necesario,mientras el ingreso permanece constante. En tal caso, el término *pérdida* sonará como demasiado moderado.

Por tanto, lo mejor es considerar que el índice de operación lo determina el output requerido. Sin embargo, la fábrica debe estar lista para operar cuando se le pida. De otro modo, tendrá la pérdida de las oportunidades no aprovechadas — o una necesidad de tiempo extra, que es también una pérdida.

Hay varias formas de expresar en un índice la relación entre resultados del trabajo y trabajo aplicado. Además de los términos de uso común tales como *eficiencia* y *factor de rendimiento*, hay frases como *índice de operación*, *productividad del personal* y *carreras por hora* (SPH). Todos estos son patrones de referencia pensados para evaluar la eficiencia del trabajo.

En el uso de patrones de referencia para medir los resultados del trabajo, considere lo siguiente:

1. *Elevar el índice de operación o SPH en sí mismos no puede ser el objetivo de la empresa*. Nuestro objetivo es reducir el coste. Elevar el índice de operación o SPH sin considerar las condiciones existentes puede resultar a menudo en un coste mas elevado. Por ejemplo, una línea puede elevar sus índices de operación mediante alguno de los siguientes métodos: permitiendo que cada proceso tenga productos semiacabados que puedan cubrir fallos del equipo; manteniendo en abundancia todo tipo de piezas, de modo que cada proceso no se vea afectado por una parada del proceso precedente; y ensamblando los artículos para los que están a mano todas las piezas necesarias. Pero los pasados treinta años de experiencia en la dirección de operaciones de fábrica nos han demostrado que estos planteamientos a menudo elevan los costes. Por tanto, estos planteamientos pueden utilizarse solamente cuando sean consistentes con el objetivo global de la empresa. Pueden utilizarse como patrones de referencia solo cuando los que los emplean tengan una visión clara de todas las condiciones presentes.

2. *Es muy importante el modo con el que contempla la «capacidad»*. Si está hablando de máquinas, la capacidad mas elevada la representa generalmente el *ciclo de máquina* (o el periodo

de estampación continua). Para evaluar apropiadamente la máquina en uso en este momento, compruebe su capacidad actual, y considere hasta que punto puede aumentarla si fuese necesario. Si está hablando de personal, debe diferenciar entre trabajo y mero movimiento. No considere capacidad del trabajador, cuando este se mueva de un lado a otro con movimientos que son un despilfarro.

3. ***Es importante pensar sobre el concepto del tiempo que expresa «mas rápido»***. Trabajar mas rápido puede tener significado solo si mas procesos y menos personal pueden hacer el mismo trabajo.

Producir más rápido significa que se fabrican mas productos dentro de un determinado intervalo de tiempo. En este caso, se eleva la eficiencia. Pero a veces, puede significar también una pérdida para la empresa.

Elevada eficiencia no es igual a menor coste

Como hemos examinado anteriormente, el propósito de elevar la eficiencia es reducir el coste. Por tanto, la elevación de la eficiencia no puede considerarse un objetivo en sí mismo. Solo cuando la eficiencia mas elevada acarrea un menor coste, tiene significado el acto de elevar la eficiencia.

A menudo, vemos líneas que adoptan como objetivo de dirección elevar el SPH (carreras o productividad por hora). Colocan al lado de la línea un tablero de control de la producción que registra la cantidad de productos acabados por hora.

Cuando esto continúa, se tiende a confundir la elevación del SPH con el objetivo en sí mismo.

Para elevar el SPH, un encargado o directivo puede decidir producir un gran lote, reduciendo el número de veces que la línea tiene que cambiar los útiles. Después de cumplir la cuota del día, si queda tiempo libre, la línea puede empezar a producir la cuota del día siguiente o de pasado mañana. Por tanto, subirá el SPH y las personas directamente involucradas pueden sentir que su eficiencia es alta y que están produciendo dinero para la empresa. Pero lo que en realidad están haciendo es crear pilas de stock de materiales y piezas entre sus procesos y los procesos siguientes.

En este caso, la primera condición a observar para esta línea es producir solo la cantidad necesaria, en lotes tan pequeños como sea posible. Si dentro de estas restricciones pueden elevar el SPH, pueden tener éxito en la reducción de costes.

Si no observa esta condición, si la línea intenta elevar el SPH, solo crea una situación negativa para la fábrica. Alta eficiencia no es siempre igual a menor coste.

Indice de operación e índice de movilidad

El *índice de operación* mide el número de horas en operación de producción de una máquina durante un día de trabajo. Como el día de trabajo se define generalmente en ocho horas, si una máquina opera solamente cuatro horas, el índice de operación de esa máquina es meramente el 50 por ciento.

En japonés, usamos tres caracteres chinos (*kanji*), *ka-do-ritsu*, para representar el término *índice de operación*. El carácter *ka* denota el término *kasegu*, que significa hacer un beneficio, y el caracter *do* significa movimiento. Por tanto, cuando empleamos el término *índice de operación*, literalmente esperamos que la máquina esté operando con el fin de hacer un beneficio. Si una máquina se mueve el día entero sin producir nada, el índice de operación es cero. Como hemos señalado anteriormente, debemos diferenciar claramente entre el acto del «movimiento» y el acto de «trabajar». Este concepto se aplica igualmente a una máquina. Si hay movimiento despilfarrado en una máquina, o si se gastan las horas sin producir trabajo real, tal despilfarro debe evitarse claramente.

Como consecuencia de esto, en Toyota escribimos el término *índice de operación* añadiendo un radical extra el carácter *do* para significar trabajo real con tacto humano.

Teniendo presente todo esto, podemos facilitar una nueva definición del índice de operación estilo-Toyota, dicho así: «la relación (razón) entre la producción actual y la capacidad de la máquina cuando está plenamente utilizada». En otras palabras, si la máquina A tiene capacidad para producir 100 piezas por hora de cierta clase de pieza, y en un día particular solo produce 50 piezas por hora, entonces el índice de operación de ese día es el 50 por ciento.

El índice de operación fluctúa de mes a mes, bajo la influencia de los números de ventas y automóviles producidos. Si las ventas son bajas, también lo es el índice de operación. A la inversa, cuando aumentan los pedidos, pueden requerirse horas extraordinarias o un turno adicional. Si el patrón base se define como 100 para ocho horas de operación plena, entonces el índice del último caso puede elevarse a 120, 130 o mas.

Esta es la razón por la que decimos que ninguna fábrica puede establecer un índice de operación como su objetivo de producción.

Las fábricas de Toyota se parecen mucho a las de los demás fabricantes de automóviles en cuanto a que muchas máquinas están dispuestas unas al lado de otras. Pero lo que distingue a las fábricas de Toyota de otras es que mientras algunas de las máquinas están en operación, otras están paradas.

A menudo, nuestros visitantes nos dicen: «¿Cómo pueden ganar dinero manteniendo paradas todas esas máquinas?»

Nuestra respuesta es simple. El modo de organizar nuestro trabajo se basa en este principio: «La regulación es la clave para todo lo que hacemos».

Por ejemplo, supongamos que una máquina es capaz de mecanizar una pieza en 10 segundos. Si se fuerza a la máquina a mecanizar piezas sin interrupción en intervalos de 10 segundos día y noche, puede romperse en un año o dos. Pero si regulamos la cadencia de modo que mecanice una pieza cada 4 minutos, el tiempo de mecanizado actual sigue siendo 10 segundos, pero la máquina se para durante los restantes 3 minutos, 50 segundos.

El término *índice de operación* comparte los mismos caracteres y sonido en japonés, *ka-do-ritsu*, que otro término, *índice de movilidad* o de *fiabilidad*.

El índice de movilidad representa el estado de funcionamiento apropiado de una máquina cuando opera. Cuando se pulsa el conmutador de la máquina, el motor gira, la máquina se mueve y procede la operación. Este es el estado normal de operación de la máquina.

Idealmente, el índice de movilidad debe ser el 100 por cien, y esto debe establecerse como objetivo.

Con el fin de lograr esto, debe hacerse mantenimiento preventivo para evitar averías. Es también necesario acortar los tiempos de cambio de útiles o herramienta.

Tomemos como ejemplo el uso de su automóvil. El índice de movilidad 100 indica que siempre que desea ir a alguna parte en su coche, éste arranca inmediatamente, el motor se mueve suavemente y puede hacer una conducción grata.

Para una salida en su coche el sábado por la noche, el índice de movilidad puede no ser un motivo de preocupación. Pero supongamos que su hijo se pone enfermo de repente, y tiene que ir a visitar a un médico. El motor no arranca, un neumático está flojo y no tiene gasolina en el tanque. Se encuentra con dificultades insolubles. Esta es la razón por la que el índice de movilidad debe mantenerse siempre en 100 por cien.

Por otro lado, el índice de operación es el número de horas en las que tiene el coche en acción o movimiento. Finalmente ha comprado el coche de sus sueños. Pero, ¿estará conduciendo en él día y noche sin parar? En un fin de semana, puede coger el coche y viajar con su familia a alguna parte. Pero en un día medio, a lo sumo, llevará a su mujer de compras y conducirá una o dos horas. Y a menos de que vaya a su trabajo en coche, en la mayor parte de los días no lo utilizará.

Las personas usan su coche cuando lo necesitan. Por tanto, un índice de operación del 100 por cien no tiene sentido en este caso. Usar un coche innecesariamente es una pérdida neta. Además del gasto en gasolina y lubricante, debe también considerar el desgaste del automóvil, que puede dar origen a averías tempranas.

IDEAS DE OHNO

El índice de operación es la carga que se impone a una máquina en relación a su capacidad cuando opera plenamente, y está determinado por la magnitud de las ventas. El índice de movilidad es la condición de la máquina para operar cuando se demande. En este caso, el estado ideal es el 100 por cien.

Acortar el «lead time»

Cualquiera que sea el proceso, o la forma en la que se alineen las máquinas o que fluyan los materiales, cuanto mas largo sea el «lead time» (normalmente, el tiempo que transcurre desde la orden del pedido a la entrega) para la producción, peor es el proceso.

En Toyota, definimos el «lead time» como el tiempo transcurrido desde el momento en que arranca el proceso de los materiales hasta el momento en que recibimos el pago de los productos suministrados.

Por ejemplo, se dice de cierto producto que toma un mes producirlo. Pero si lo observamos cuidadosamente, descubrimos que el tiempo real invertido en la producción en sí es extremadamente corto. El tiempo invertido en fabricar es de lejos mucho mas corto que el tiempo que el producto está parado en almacenaje.

Hablando generalmente, el «lead time» es la suma del tiempo requerido para procesar mas el tiempo que el producto está en almacenaje. No es extraño encontrar que la relación entre el tiempo requerido para proceso y el tiempo en el que el producto está en almacenaje pueda llegar a ser hasta 1:100.

Cuando el «lead time» se dilata, puede crear una gran distorsión en la determinación de previsiones.

Si la planta dice que el producto no puede fabricarse a menos que se reciba información con tres meses de anticipación, el departamento de marketing debe recibir pedidos de clientes al menos con tres meses de anticipación. Por supuesto, debe procesar la orden inmediatamente.

En una industria competitiva, los materiales para fabricar un producto deben incluso comprarse antes de recibir un pedido para ese producto. Asumiendo ahora que el pedido buscado por la empresa en definitiva se ha pasado a un competidor, los materiales comprados en anticipación del pedido permanecerán en almacén cogiendo polvo.

Este es un caso extremo. Pero en lenguaje llano, tener un «lead time» de tres meses significa que la empresa tiene productos y materiales almacenados «muertos» por valor de tres meses. Asumiendo que la empresa decide iniciar rápidamente un cambio de modelo, todo lo comprado para producir el modelo viejo no utilizado tiene que desecharse. Todo lo que ha estado «durmiendo» en almacenaje durante dos o tres meses, se ha convertido en inutilizable y tiene un final poco glorioso.

Esto no es justo para los trabajadores que se han estado esforzando en la planta día y noche para racionalizar el proceso.

No hay un factor exclusivo al que pueda asignarse la excesiva longitud del «lead time». El acortamiento de los plazos crea las siguientes ventajas: reducción en el trabajo no relacionado con el proceso (por ejemplo: menos manipulación de materiales en proceso), reducción en los stocks e identificación mas fácil de los problemas. El resultado: el lugar de trabajo se puede gestionar mejor. Años atrás, medimos el «lead time» de la fabricación de motores en nuestra planta de Kamigo. Las piezas se fundían por la mañana y se ensamblaban para construir un motor. Hacia el final de la tarde, ese motor estaba montado en un automóvil que se enviaba al punto señalado por la Oficina Central de Ventas de Toyota. Este ha sido y es el «lead time» en Toyota.

Cero stocks como desafío

Para cualquier industria, la condición mas deseable es no tener stock alguno. Por supuesto, es prácticamente imposible tener cero stocks, pero este debe ser el objetivo. Lo que una empresa puede hacer es aceptar esto como desafío e intentar reducir el stock tanto como sea posible.

Muchos directores dirán que han eliminado con éxito la mitad del stock que tenían antes, y que no pueden hacer mas. Esto no es suficientemente bueno. Si ha llevado tanto tiempo reducir a la mitad el stock existente, obviamente no se ha hecho un esfuerzo suficiente.

Si estos directores aceptan el desafío de reducir sus stocks a cero, deberán seguir inevitablemente el siguiente proceso:

* Si ha conseguido la marca de reducir a la mitad,
* reduzca lo restante a su mitad, y
* de nuevo reduzca lo restante a su mitad, y
* de nuevo reduzca lo restante a la mitad.

Si se hace esto, el stock puede reducirse significativamente. Al final, pueden quedar solo una o dos piezas.

Plantéese la siguiente cuestión: «¿Puedo hacer tal trabajo sin tener stocks de artículos en el proceso?» Si la respuesta es «no, para este proceso, necesito una pieza«, entonces retenga solamente esa pieza. De este modo, el lugar de trabajo aprenderá a retener solo el stock esencial.

Si el proceso no exige retener una sola pieza de stock, entonces la norma debe ser cero stocks. Si el proceso exige tener una pieza de stock, entonces ésta debe mantenerse. Pero debe entenderse claramente que una pieza es de absoluta necesidad. Los lugares de trabajo aprenden la naturaleza y condiciones de su propio trabajo a través del proceso de reducción de sus stocks.

¿Puede el lugar de trabajo responder a cambios?

A menudo escuchamos que después de una mejora, muchas carretillas elevadoras y palets no son ya necesarios y se libera gran cantidad de espacio. Sin embargo, no puede aceptarse esto como logros resultantes de la mejora. Los excedentes producidos no contribuyen aún con un centavo a los beneficios de la empresa. Un procedimiento apropiado es facilitar esta información a la división de planificación. Después de todo, todos estos elementos que se acaban de descartar parecen como si no fuesen necesarios. La causa de este despilfarro era el método inadecuado de producción. Con esta información, la división de planificación puede planificar mejor la próxima vez.

Normalmente, la planificación se hace tomando como base la condición existente. Por tanto, si el método presente contiene numerosos despilfarros, todos ellos se incluirán en el siguiente plan. Una vez que se hace una inversión, ninguna mejora posterior puede recuperarla. Esta es una cuestión muy seria.

Sea consciente de la relación entre planificación y estatus vigente. Esté atento a eliminar el despilfarro en los lugares de trabajo. No omita informar a la división de planificación todas las veces que descubra despilfarro.

Lo anterior es una descripción del sistema de producción de Toyota y de los pensamientos básicos que lo fundamentan. Hemos prestado atención especial al tema del juicio económico, la forma en la que usamos estos criterios para promover nuestras actividades de reducción de costes. Hay un punto final que requiere elaboración adicional — este es el tema de la «economía», que difiere de tiempo en tiempo dependiendo de las condiciones externas.

Dicho en términos mas bien simples, lo que era rentable hasta ayer, puede ser hoy una proposición con pérdida para la empresa. Por ejemplo, si el contrato de salarios se cambia desde ser un contrato de salarios-hora a un acuerdo de subcontratación, el tema de beneficios y pérdidas tomará un sentido completamente diferente.

Una cosa importante a recordar es adoptar sistemas flexibles. Cuando intente reducir el despilfarro, tenga en cuenta que las condiciones siempre varían. Su modo de pensar y los planes de implantación de mejoras deben basarse siempre en esta consideración.

3
NIVELACION-EQUILIBRADO DEL SISTEMA DE PRODUCCIÓN

Picos y valles del trabajo

En un lugar de trabajo normal, cuanto mas varía el flujo de las cosas, mayores son las oportunidades de creación de despilfarro. A menudo, la capacidad del lugar de trabajo se ajusta a los picos de la demanda no a su valor medio. En Toyota, hubo un tiempo en que también ésta era nuestra norma.

Asumiendo que la cantidad de trabajo en un día (o una semana, o un mes) varía como muestra la ilustración, la capacidad de ese lugar de trabajo, de acuerdo con la norma señalada, se ajustaría a la demanda pico, con el correspondiente número de personas, máquinas y materiales.

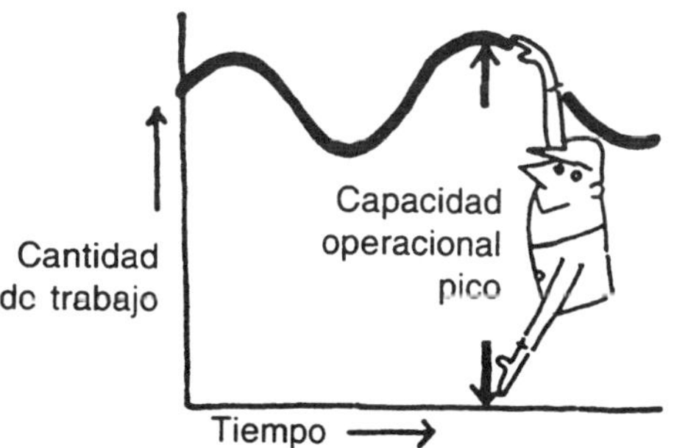

Figura 8. Picos y valles de trabajo

Sin embargo, cuando las capacidades se ajustan a la demanda pico, se produce naturalmente infrautilización cuando la demanda de trabajo es inferior. Si a pesar del descenso de la demanda se sigue produciendo lo mismo que antes, el resultado es la peor clase de despilfarro: la producción en exceso.

La misma historia puede referirse de los departamentos de contabilidad en los finales de periodo en los que se cierran las cuentas.

En el departamento contable, el pico aparece cada mes, o cada seis meses. En el lugar de trabajo normal, los picos no aparecen en ciclos tan largos. Pueden aparecer uno cada hora o cada diez minutos. Debemos estar preparados para tratar estos picos que llegan poco a poco.

La que sigue es una historia de una empresa cooperadora de Toyota que hace trabajos de revestimiento.

Los faros de automóvil se hacen corrientemente de resinas sintéticas. La carcasa del faro, también hecha de resina sintética, se reviste en esta fábrica. Cuarenta y ocho carcasas se colocaban en un soporte colgante para revestimiento; previamente esta tarea era realizada por cinco trabajadores.

El soporte colgante se regulaba para moverse cada dos o tres minutos. En el caso de las carcasas de faros, un trabajador podía colgar 48 piezas en un minuto. Sin embargo, tenían que revestirse también muchas pequeñas piezas.

En ocasiones, 3.000 piezas de éstas, cuya longitud variaba entre 2 a 3 centímetros, tenían también que colgarse dentro del margen de tres minutos asignados. En este caso, aún con el trabajo esforzado de los cinco trabajadores, era imposible ejecutar la tarea en el tiempo asignado. El número de trabajadores permanecía constante aunque, dependiendo del número de piezas a colgar, la cantidad de trabajo variaba ampliamente.

Aunque no había nada inusual en esta situación, era un problema serio. Pensamos en ello y finalmente decidimos que podría utilizarse el espacio interior de las carcasas de faros. Las pequeñas piezas se empezaron a colgar dentro de este espacio.

Lo que conseguimos fue igualar la cantidad de trabajo «nivelando» el pico. Lo que cinco trabajadores no podían hacer antes, ahora lo hacen dos o tres.

Tiendas de regalos en lugares turísticos

Los picos y los valles de demanda pueden encontrarse casi en cada lugar de trabajo, y muchas empresas insisten en tener personas y máquinas capaces de absorber los picos de demanda.

¿Porqué insisten en mantener la capacidad para satisfacer los picos de demanda? Porque no son conscientes del despilfarro inherente en esa condición.

Los lugares turísticos ilustran claramente este punto. Su atractivo es estacional. Cuando los turistas llegan en la estación específica del lugar, no hay espacio para aparcamiento, los restaurantes están abarrotados y la comida servida en ellos es terriblemente cara y tal vez cocinada con poco esmero. La coca-cola, que normalmente puede comprarse a 40 centavos la lata, la cobran a 1$. Esto es algo que experimentamos a menudo.

Esto naturalmente sienta particularmente mal a los turistas. Pero desde el punto de vista de las tiendas de regalos y otros establecimientos, es natural que deseen recuperar el coste incurrido en el año entero. Desean hacer esto durante la temporada turística y añadir un razonable beneficio.

Cuando no es la temporada turística, muchas tiendas de artículos de artesanía y otras simplemente cierran. Sus propietarios pueden dedicarse a otros negocios. Mientras tanto, tiendas de objetos de artesanía, restaurantes, aparcamientos, etc., permanecen cerrados, sin que sus propietarios gasten un centavo en ellos. Pero al mismo tiempo, los comerciantes tienen quizá que pagar alquileres, impuestos, hipotecas e intereses sobre los préstamos que hayan contratado.

Las tiendas de artesanía y restaurantes de lugares turísticos no tienen otra elección que hacer lo que hacen. Pero los fabricantes no pueden hacer lo mismo. No pueden decir, «Tenemos que cargarle un precio mas alto, por que nuestro coste ha subido por la escasa demanda», olvidando que han despilfarrado gran cantidad de recursos. La dura competencia existente en la mayoría de sectores industriales les impide tomar este fácil camino. Este tema se ha examinado en el capítulo precedente.

Incluso en las tiendas especiales de los lugares turísticos, si los turistas llegan en números similares cualquiera sea la estación, las ventas se estabilizan. En tales casos, la eficiencia operacional será buena, incluso sin demasiado esfuerzo.

La condición mas eficiente se da cuando la cantidad del trabajo se iguala, o cuando el trabajo mismo se realiza a un ritmo uniforme.

La situación en la línea de montaje de automóviles

¿Cómo se aplica el concepto de nivelación al caso de la fabricación de automóviles? Vamos a proceder con ejemplos de la línea de ensamble.

Si ensamblamos 20.000 unidades del Corona en un mes y operamos 20 días, nuestra asignación diaria es 1.000 unidades.

Es fácil decir 20.000 unidades. Pero incluso dentro del mismo Corona, las especificaciones varían extremadamente. Cuando se tienen en cuenta estilos, neumáticos, opciones y colores de pintura, es posible diseñar y fabricar 800.000 combinaciones de especificaciones. Las fabricamos de acuerdo con los pedidos que recibimos.

En el caso del Corona hay 250.000 combinaciones posibles; en el caso del Corolla, hay 16 millones.

Por supuesto, en realidad no tenemos tantas variaciones de especificaciones moviéndose a través de nuestras líneas de montaje. En el caso del Corona, ese número está usualmente al nivel de 3 a 4 mil, y la cuestión es cómo fabricar estas 3 o 4 mil variedades. En otras palabras, en este ejemplo particular, cómo ordenar en la línea de 3 a 4 mil variedades cuando montamos 20.000 unidades del Corona en un mes.

Una idea que inmediatamente nos viene a la mente es ensamblar situadas juntas las unidades que tienen similares especificaciones. Si la pintura exterior es blanca, entonces ensamblamos juntas las unidades con especificación de pintura blanca.

Para el proceso de pintura, el procedimiento sugerido es muy conveniente. Todo lo que tenemos que hacer es pintar a la vez un conjunto de unidades del mismo color. No tenemos así que limpiar el tubo inyector — procedimiento que se requiere cuando cambia el color de la pintura. De hecho, no tenemos que cambiar la pistola de pintura.

Para el proceso de montaje, tenemos que tener en cuenta que

hay cinco tipos de motores que pueden montarse en un coche pintado de blanco. Si por casualidad, el mismo tipo de motor se pide para coches sucesivos, el proceso de trabajo es idéntico. No se cometerá error en la instalación, y la eficiencia ciertamente mejorará.

Sin embargo, en realidad esto no puede suceder. Tenemos la experiencia de que en un mes dado, para una producción de 20.000 unidades, si podemos tener en un mes 50 unidades con las mismas especificaciones, esto es mucho mas de lo que podemos esperar. Una visión mas realista es que cada automóvil tenga sus propias especificaciones, y debemos fabricarlas consecuentemente.

Conexión de procesos

Se requieren aproximadamente 3.000 tipos diferentes de piezas para fabricar un automóvil. Si contamos cada perno y tornillo como unidad separada, entonces necesitaremos 30.000 piezas.

¿Hay lo que puede decirse un método mejor para ensamblar un automóvil usando estas 30.000 piezas?

En el ejemplo previo, hablamos de usar exclusivamente pintura blanca. Esto significa que el fabricante de pintura debe producir solo del color blanco. Ahora, asumiendo que deseamos establecer procesos de fabricación diferenciados por el color, necesitaremos un proceso para la pintura en azul y otro para la amarilla. Pero si solo utilizamos la línea con pintura blanca, las líneas del azul y la amarilla permanecerán paradas. En lo que se refiere al fabricante de pintura, no puede haber un flujo de trabajo nivelado.

Cuando la pintura exterior es blanca, a menudo el interior se ha pedido en negro o en azul. Esto significa que las líneas para los asientos marrón y rojo permanecerán paradas. Por tanto, tampoco el fabricante de asientos podrá nivelar su trabajo.

Detrás de cada una de las 30.000 piezas, hay fabricantes y procesos. Debemos encontrar el modo de nivelar estas 30.000 y moverlas adelante. Debe crearse un método de montaje que pueda satisfacer estos requerimientos.

Nivelación de cantidades y tipos

Hemos examinado el despilfarro de capacidad que se produce cuando adaptamos nuestros recursos a la demanda pico. Incluso así, cuando se fabrica un solo tipo de elemento, no es imposible reorganizar el plan de producción y personal para nivelar razonablemente los picos y valles de la carga de trabajo. Por ejemplo, un proceso que tiene menos trabajo puede ayudar a los que tienen trabajo en exceso. De este modo, un fabricante de artículo único puede reducir el despilfarro.

Sin embargo, nivelar la producción en la industria del automóvil es una cuestión enteramente diferente. La industria tiene múltiples tipos de piezas en múltiples números. El proceso que debe organizarse es muy complejo.

La única solución viable para la mayoría de los fabricantes (incluyendo Toyota en sus primeros días) ha sido mantener disponibles ciertas cantidades de stocks. Se planifica de modo que cada línea tiene algún trabajo que hacer cada día. Sin embargo, este planteamiento es costoso, por que requiere mantener un stock de piezas que es de tres a cuatro veces mayor que lo que se requiere cuando la línea de ensamble ha nivelado su sistema de producción. El despilfarro creado es enorme.

¿Cuál es la solución entonces?

Para tener un sistema eficiente de producción nivelada, debemos nivelar no solo las cantidades sino también los tipos.

En el caso ya examinado del Corona, tenemos un programa de producción de 1.000 unidades/día. Todas las unidades difieren en sus motores, transmisiones, árboles, chasis, colores exteriores e interiores. Lo que hacemos es una operación de dispersión (cuyos detalles examinaremos), y organizamos en consecuencia nuestro trabajo de montaje.

Muchos visitantes de la línea de montaje de Toyota preguntan: «¿Porqué tienen un Corona rojo aquí y otro allí? ¿Porqué no agrupan todos los de color rojo y los hacen fluir en secuencia?» La razón es muy simple. Deseamos nivelar los tipos.

Si colocásemos juntos en la línea de montaje todos los coches con pintura exterior roja excluyendo los de los demás colores, los asientos y piezas de interior de color rojo tendrían un peso predominante en el flujo de la mañana. En contraste, por la tarde, no se habría dejado suficiente trabajo a los fabricantes que suministran elementos de color rojo.

En el caso de los motores, intentamos que los motores de 2000-cc y de 1800-cc fluyan aproximadamente en la proporción del número a usar. En cuanto a las unidades con volante de dirección a la izquierda para exportación y volante a la derecha para el mercado nacional, el factor determinante en la línea de ensamble es los registros de ventas de cada momento. O bien, podemos hacer cada tercer coche con volante de dirección a la izquierda.

No debemos tener picos y valles en nuestro trabajo, incluso para la mayoría de las piezas pequeñas. Para conseguir esto, debemos proceder a nivelar el sistema de producción del proceso entero.

En el sistema Toyota, esta nivelación de cantidades y tipos se denomina *alisado de cargas (heijunka)*. El sistema de alisado de cargas de la producción es una premisa principal para la eliminación del despilfarro.

El sistema kanban puede tener éxito solo en una planta en la que en el proceso final rige un sistema de alisado de cargas. Si no existe este sistema, el sistema kanban fracasará.

Tiempo de ciclo

Cuando la fábrica intenta nivelar no solo la cantidad sino además los tipos, ¿qué método puede adoptarse como estándar para equilibrar las variaciones en el tipo?

En cada trabajo, la regulación temporal es crucial. Si no se hace adecuadamente, los plazos de entrega pueden no cumplirse y cancelarse los pedidos. Por otro lado, si el producto se fabrica con demasiada anticipación, pueden agregarse montañas de stocks. En beisbol, si un corredor alcanza la siguiente base justo a tiempo, está a salvo. Pero si se retrasa un poco, queda fuera de juego.

Esta regulación temporal la determina el cliente.

Asumamos que el Corona se vende en cantidad de 20.000 unidades cada mes. Esto significa que deben producirse cada día 1.000 unidades (con 20 días de trabajo en un mes). Con una jornada laboral diaria de 8 horas, 1.000 unidades deben producirse en   480 minutos. Por tanto:

$$\frac{480 \text{ minutos}}{1.000 \text{ unidades}} = 0,48 \text{ minutos}$$

En otras palabras, debe producirse una unidad cada 0,48 minutos. De otro modo, la empresa no podrá satisfacer las demandas del cliente.

De este modo, es importante tener una noción del *tiempo de ciclo* para cada producto o pieza, el cual se define en minutos y segundos requeridos para producir una unidad.

El tiempo de ciclo es un concepto clave en fabricación. Lo determina el cliente o, dicho de otro modo, lo determinan los pedidos de venta. El despilfarro inherente a la producción en exceso puede eliminarse a través del empleo de este ciclo de tiempo. La verdadera eficiencia, no la aparente, puede alcanzarse mediante su aplicación.

Ejemplo del proceso de un engranaje

En una sección de una fábrica situada en el complejo central de Toyota, un trabajador es responsable de 16 máquinas que mecanizan y acaban un engranaje. El fenómeno que vamos a describir no sería sorprendente si todas las máquinas hiciesen el mismo trabajo, como en el caso de las hiladoras continuas. Pero en el caso de estas 16 máquinas, cada una tiene una función separada. Una puede rectificar, otra puede cortar y desbarbar, etc.

Describiremos cómo trabaja un operario. Primero, toma un engranaje que viene del proceso precedente y lo instala en la primera máquina. Retira de la misma máquina un engranaje ya procesado y lo pone en un tobogán de descarga. El engranaje se desplaza sobre rodillos hasta la siguiente máquina.

El trabajador se desplaza de la primera máquina a la segunda, y mientras se mueve pulsa el conmutador localizado entre las dos máquinas. En ese momento, la primera máquina empieza a funcionar.

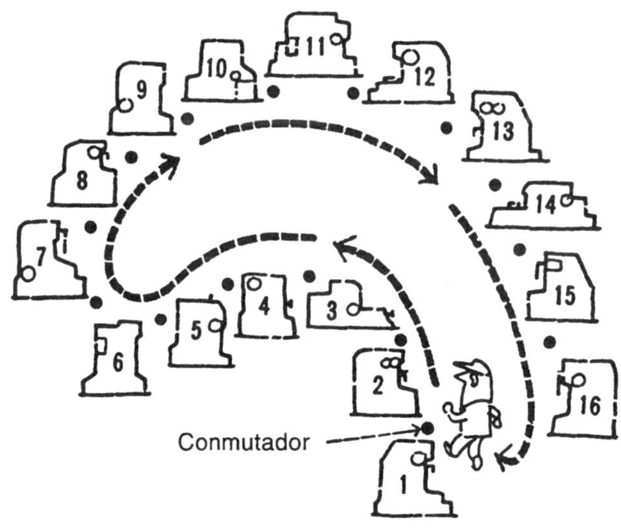

Figura 9. Proceso de un engranaje

El mismo movimiento se repite en la segunda máquina antes de alcanzar la tercera. Mientras pasa de una a otra pulsa el conmutador y la segunda máquina empieza a funcionar.

Repitiendo la misma secuencia de actividades una y otra vez, puede hacer una ronda de 16 máquinas en exactamente cinco minutos. En otras palabras, se completa un engranaje si un trabajador hace una ronda de 16 máquinas en cinco minutos.

Ahora, si necesitásemos producir el engranaje en masa, podemos colocar un trabajador en cada una de las 16 máquinas. Mediante simple aritmética, podríamos calcular que podrá producirse un engranaje cada poco mas de 18 segundos.

Sin embargo, si el automóvil que usa este tipo de engranaje se vende solo una unidad cada cinco minutos — o, en otras palabras, si el tiempo de ciclo del engranaje es cinco minutos — entonces no hay necesidad de asignar 16 trabajadores. En este caso, es suficiente tener un engranaje cada cinco minutos. No necesitamos mas.

Método de alisado de las cargas de producción

El alisado o nivelación de las cargas de producción se facilita teniendo una clara noción del concepto de tiempo de ciclo.

Hemos explicado previamente que hay aproximadamente 800.000 especificaciones para el Corona. Sin embargo, con el fin de hacer mas simple la explicación del plan de nivelación de cargas, asumamos que el Corona tiene solamente cinco tipos, A, B, C, D y E.

La cantidad requerida (cantidad de producción) y el tiempo de ciclo para los cinco tipos se detallan en la siguiente tabla:

	En el mes	En el día (20 días trabajo, 480 min.)	Tiempo de ciclo
Coche A	4.800 unid.	240 unid.	2 min.
Coche B	2.400 unid.	120 unid.	4 min.
Coche C	1.200 unid.	60 unid.	8 min.
Coche D	600 unid.	30 unid.	16 min.
Coche E	600 unid.	30 unid.	16 min.
	9.600 unid.	480 unid.	1 min.

Figura 10. Cantidades requeridas y tiempos de ciclo para cinco modelos de automóvil

Para obtener el tiempo de ciclo, puede usarse la siguiente fórmula simplificada:

$$\text{Tiempo de ciclo (Tiempo de tacto)} = \frac{\text{Tiempo diario de operación}}{\text{Unidades requeridas por día}}$$

A menudo, vemos líneas que cometen errores calculando los tiempos de ciclo. Debe cuidarse que no suceda esto.

Los errores se producen porque estas líneas hacen los cálculos partiendo de la condición presente, es decir, de la capacidad de sus equipos y personal disponible. Dicen: «Tenemos esta capacidad del equipo y tantas personas. Con estos medios podemos producir tantas unidades en un día. Por tanto, podemos producir una unidad cada tantos minutos».

Desde la perspectiva del sistema de producción de Toyota, este planteamiento es totalmente erróneo. El comienzo correcto es decir: «Necesitamos producir hoy tantas unidades». A continuación, el tiempo de ciclo se obtiene partiendo de la producción requerida, y el número de personas necesarias partiendo del tiempo de ciclo. El objetivo de Toyota es hacer el trabajo requerido con el número mínimo de personas. Si el cálculo se hace basándose en lo que puede hacer con el personal que ya tiene en la línea, entonces es probable que el resultado sea que tiene demasiada capacidad, creándose el despilfarro inherente a la producción en exceso.

Cómo organizar el flujo de las cosas

Ahora que se ha determinado el tiempo de ciclo, ¿cómo se hará el trabajo en la línea de ensamble?

Asumamos que cada uno de los tipos, del A al E, se ensambla en una línea exclusiva para cada uno. Entonces, como puede verse en la figura siguiente, en la Línea A, las unidades se mueven en intervalos de dos minutos, pero en la línea E, solo se ensambla una unidad cada 16 minutos.

Líneas exclusivas

Línea de ensamble basada en el sistema de producción con cargas niveladas

Figura 11. Nivelación de cargas en la producción de automóviles

Cuando las líneas exclusivas separadas se consolidan en una sola, el flujo adoptará la forma indicada al fondo de la figura. En la línea de ensamble de Toyota, los automóviles pueden ser el mismo Corona, pero hay muchos modelos diferentes, por el color, por tener dos o cuatro puertas, volantes de dirección a derecha o izquierda, etc., todos ellos mezclados e intercalados conforme se mueven conjuntamente a través de la línea de ensamble.

Con esta línea de ensamble en operación, resulta posible nivelar la carga no solo en lo que se refiere a las cantidades, sino también en cuanto a los tipos. Un trabajo hecho de esta forma en la línea de ensamble final garantiza que la nivelación pueda hacerse también en todos los procesos precedentes.

Observando ahora de nuevo la parte superior de la figura, podemos decir que estas líneas de dedicación exclusiva podrían ser líneas de procesos dedicados a piezas particulares (o de ensamble). Cuando todas estas líneas se nivelan, entonces cada línea puede tener trabajo adecuado, que también puede nivelarse.

Debe nivelarse también el plan de producción

El sistema de alisado de la carga de producción se ha creado para eliminar picos y valles en la carga de trabajo y evitar la producción y el progreso excesivo de un proceso particular. Su intención es uniformar la carga de trabajo. Sin embargo, hay otra contribución que no hemos examinado aún.

Esto es, a través de este sistema ha resultado cada vez mas fácil cambiar el plan de producción. Y las plantas han aceptado los cambios de plan con menos dificultades.

Una línea produce 100 unidades cada día. Un cambio de plan exige incrementar el output hasta 105 unidades diarias. Los trabajadores probablemente harán su trabajo sin cambiar su sistema o capacidad de producción.

Sin embargo, si súbitamente los pedidos requieren producir 150 unidades/día a una línea que ha estado produciendo 100 unidades/día, surgirán dificultades. Puede ser necesario trabajar en tiempo extra, no existir suficientes trabajadores y, en un caso extremo, puede ser necesario comprar una nueva máquina. Si persiste esta condición, la empresa puede verse forzada a contratar mas personal o a utilizar subcontratistas. Su habilidad para enfrentar el cambio resulta limitada.

La clave para resolver este problema es el plan de producción. Pero casi cada fábrica parece tener un plan de producción gestionado con poca eficiencia.

Durante el mes de enero, la línea en cuestión está produciendo a la tasa de 100 unidades/día. En febrero, probablemente deban producirse 120 unidades por que los pedidos están aumentando. Este hecho se conoce usualmente hacia el 10 de enero. Sin embargo, una práctica común es preparar un plan para presentarlo en la reunión de producción mensual. La planta recibe un plan escrito después del 20 de enero. En un caso extremo, un 20 por ciento de aumento en febrero y otro adicional del 20 por ciento en marzo son hechos que ya se conocen, pero la dirección insiste en esperar hasta el último minuto para tener la reunión de planificación mensual. La dirección no piensa que deba cambiar las fechas prefijadas para estas reuniones.

Si la dirección continúa siguiendo esta práctica, no hay modo de que la planta pueda responder al cambio. Será una víctima de unas reglas ridículamente fijas, con el resultado de una completa incapacidad para reorganizar sus operaciones.

Por tanto, cuando se haga un cambio en el plan de producción hay que introducir gradualmente los cambios necesarios. El plan se cambia cuando se conoce un incremento o decremento en la cantidad a producir. En este ejemplo particular, se sabía hacia el 10 de enero que la demanda sería un 20 por ciento mas elevada en febrero. La dirección debería haber pedido a la planta el 11 de enero que incrementase inmediatamente su output diario de 5 a 8 unidades. Adoptando este planteamiento gradual, la planta podría haber manejado bien el incremento.

Para tener un sistema de producción con cargas niveladas, el nivelado debe ser también parte del plan de producción.

Operaciones estándares en el sistema Toyota

En cualquier trabajo, es importante establecer estándares. Pero a menos de que el trabajo mismo esté razonablemente estabilizado, la estandarización resulta mas bien difícil. En algunos casos, pueden establecerse estándares, pero no tienen valor a efectos prácticos.

«El primer paso hacia la mejora es la estandarización». Donde no hay un estándar, no puede haber mejora.

Cuando abordamos la introducción del sistema de producción con cargas niveladas, pudimos establecer estándares de operaciones en todo el proceso, cubriendo todos los procesos y líneas. Esta es una de las metas principales de la producción con cargas niveladas.

En Toyota, fabricamos nivelando las cargas de producción, calculamos los tiempos de ciclo, y creamos operaciones estándares. Entonces provemos las actividades de mejora. Estos son los pasos básicos que hemos seguido de modo consistente.

En resumen, en el sistema kanban de Toyota se retiran las tarjetas kanban de los contenedores de los componentes utilizados, y se va al proceso precedente a extraer exactamente la misma cantidad. El proceso precedente produce exactamente la cantidad que se acaba de extraer. El sistema kanban repite una y otra vez este mismo ciclo.

Frecuentemente, escuchamos este comentario: «Este es un modo elegante de hacer las cosas. Incluso para las piezas compradas a proveedores externos, todo lo que hay que hacer es enviar una tarjeta y las piezas llegan». Pero el éxito del sistema kanban depende del ajuste continuo del sistema de producción de cargas niveladas en cada uno de los procesos finales.

Si el proceso final no se ha reconvertido para funcionar como sistema de producción con cargas niveladas, insistir en usar el kanban para recibir piezas, es como pedirle peras al olmo.

El lugar de trabajo no puede usar el kanban para pedir 50 cajas de piezas hoy, ninguna mañana, y 150 pasado mañana. Si se trata de esta forma al proceso precedente o proveedor, el resultado será un desconcierto total.

En el sistema kanban, el proceso siguiente extrae piezas y materiales del proceso precedente cada día, con consistencia — en la misma forma, a los mismos intervalos aproximados y en cantidades que fluctúen solo ligeramente. Este es el único modo para que el sistema tenga éxito.

La obstrucción denominada cambio de útiles

A menudo, el cambio de útiles crea una obstrucción en el sistema de producción con cargas niveladas.

Normalmente, se considera que el cambio de útiles es un proceso que consume mucho tiempo. ¿Porqué?

La razón preponderante es que donde no hay deseo de cambiar los útiles rápidamente, o no se sabe cómo hacerlo, esa consideración es una profecía que se autocumple.

De hecho, algunas plantas no se preocupan si el cambio de útil consume ocho horas. Por supuesto, este es un caso extremo, pero muchos no piensan sobre ello demasiado si el cambio de útil invierte una hora. En algunas plantas, se compra equipo sin reparar la atención en los tiempos que exigirán los cambios de útiles.

En lugares así, el sistema de producción con cargas niveladas y el cambio de útiles son opuestos irreconciliables.

Una de las características del sistema de producción de Toyota es hacer el tamaño de cada lote tan pequeño como sea posible. Si el tiempo invertido en cambiar los útiles es grande, el lote es probable que tenga que permanecer grande. Cuando el cambio de útiles consume un tiempo importante, se asume que el tamaño del lote debe ser suficientemente grande como para recuperar el tiempo perdido en los cambios. Pero esto puede conducir al despilfarro asociado a la producción en exceso.

Nuestra meta es satisfacer a nuestros clientes produciendo solamente los automóviles que piden. Si nos quejamos de la frecuencia con la que tenemos que cambiar los útiles, tendríamos que decir a nuestros clientes: «¿Porqué no piden el mismo estilo y tipo de automóvil?». Naturalmente, este no es el camino para hacer negocios.

La única alternativa que nos queda es acortar el tiempo invertido en cambiar los útiles.

Preparación y erradicación del despilfarro como claves

No es difícil acortar los tiempos necesarios para cambiar los útiles.

Una idea importante es hacer una preparación por anticipado de los moldes, troqueles, plantillas y herramientas que pueden ensamblarse antes de parar la máquina, y retirar y colocar rápidamente en sus lugares de almacenaje los útiles, plantillas y herramientas usados en la operación anterior solo después de que la máquina empiece a funcionar de nuevo. Esto se denomina *convertir operaciones internas de cambio (con máquina parada) en operaciones externas (con la máquina en funcionamiento).**

Debemos concentrarnos en, y tratar de mejorar, las operaciones que no pueden realizarse sin parar la máquina. Solo con esto, el tiempo necesario puede reducirse significativamente. Esto se denomina *mejora de las operaciones de preparación interna (con la máquina parada).*

Si se tienen que utilizar herramientas, hay que asegurar que todas las necesarias se mantienen al lado de la máquina y en el orden en el que hayan de usarse. No hay que pasar por alto la organización apropiada de los materiales. Centrando su atención en el cambio del útil, los trabajadores pueden hacerlo rápida y expertamente. Pero esto puede quedar en nada, si no tienen los materiales necesarios. Cosas como ésta suceden con frecuencia.

La mejora y reorganización de los cambios de útiles puede hacerse en los propios lugares de trabajo. En otras palabras, estos objetivos pueden lograrse a través del ingenio de los trabajadores. El procedimiento debe estandarizarse y escribirse en un manual de estándares que puede servir de herramienta de aprendizaje de los trabajadores. La reducción de tiempos consistente es así posible.

Este aprendizaje es muy similar a los ejercicios de extinción de incendios practicados por muchas empresas. En un ejercicio de extinción de incendios, no es irrazonable esperar que todas las mangueras de agua estén listas en dos minutos. Cada uno cumple con el procedimiento correcto. También los bomberos saben como desplegar su trabajo sin retraso o despilfarro.

En el cambio de útiles de grandes equipos, Toyota usa los servicios de una unidad especial de especialistas en cambios. Hace siete u ocho años, tomaba tres horas cambiar el útil en una prensa de 800 tons. Actualmente, se invierten tres minutos.

---

* Véase *Una revolución en la producción-El sistema SMED,* de Shigeo Shingo (TGP-Hoshin, 1990)

Nuevas ideas ayudan a acortar los tiempos

Hablando en términos generales, el tiempo gastado en el cambio de un útil puede desglosarse de la siguiente forma: preparación, 30 por ciento; retirada de útil viejo y montaje del nuevo, 5 por ciento; centrado y reglaje de medidas, 15 por ciento; y ajuste y proceso de ensayo, 50 por ciento.

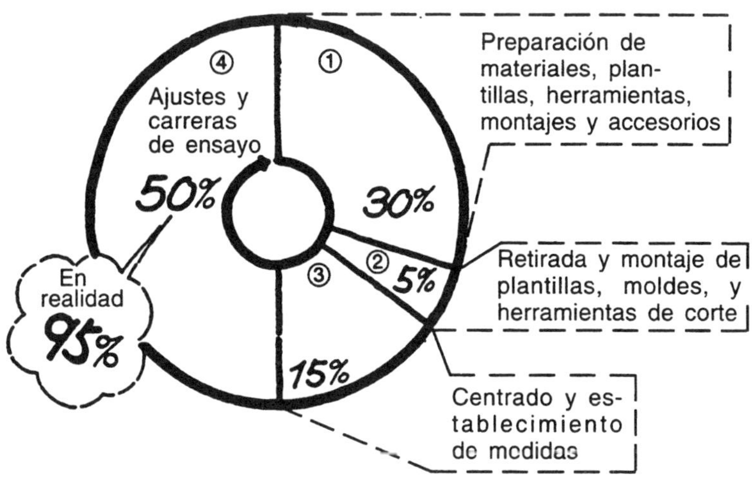

Figura 12. Tiempo necesario para cambio de útil

Como hemos señalado anteriormente, el tiempo invertido puede reducirse considerablemente diferenciando entre operaciones de cambio internas y operaciones de cambio externas. La máquina debe estar parada para las operaciones de cambio internas. Pero cuando se externalizan el mayor número posible de operaciones anteriormente internas y ello de forma ordenada, la reducción de tiempos se convierte en realidad. El peor enemigo de la reducción de tiempos es el procedimiento final de ajustes y proceso de ensayo.

A menudo, el tiempo gastado en ajustes y procesos de ensayo no es el 50 por ciento sino cercano al 95 por ciento del tiempo necesario para el cambio de útil.

Cambiar el molde o troquel significa empezar todo de nuevo, aunque el útil montado anteriormente esté funcionando a la perfección, esté bien centrado, sus medidas bien determinadas, y esté procesando eficazmente. Ahora, se instala un nuevo molde o troquel, y todo tiene que hacerse otra vez de nuevo, incluyendo el centrado, la determinación de medidas y el ajuste. Además, en algunas operaciones de ensayo, pueden aparecer algunos defectos, y el proceso entero tiene que revisarse o repetirse.

En realidad, aquí lo que necesitamos es un nuevo modo de pensar. Debemos descartar la noción de que el cambio de útiles es un proceso que consume obligatoriamente mucho tiempo, así como cualesquiera otras nociones preconcebidas. No importa cuantas veces cambiemos el útil, la cosa importante a recordar es que restauramos el estado correcto original. Como en el golf, lo importante es hacer los movimientos correctos.

Teniendo en mente esta noción de «restauración», cuando revisemos de nuevo el cambio de útil, resultará un mero ejercicio ver la forma de colocar algo que tiene movimiento en cierta localización dada o posicionarlo donde no tiene que moverse.

Si se hace esto correctamente, no necesitaremos el dificultoso proceso de ajustes.

Diseñar planes para acortar el tiempo de cambio del útil

Cambiando nuestro modo de pensar, En Toyota hemos diseñado una serie de pasos para reducir los tiempos necesarios para cambiar los útiles. Estos pasos se describen a continuación.

Coordinación mediante colores. Cada vez que cambiamos un útil, usamos cierto número de herramientas y pernos para apretar o desmantelar. Diferenciamos estas herramientas y pernos mediante el color. Haciendo esto, se eliminan los errores y las operaciones resultan mas rápidas y fáciles.

Los pernos pueden ser diferentes por su tamaño, pero si hacemos uniformes sus cabezas, no tenemos que cambiar nuestras herramientas.

La coordinación mediante el color se utiliza también en los diferentes tipos de tubos flexibles que usamos, en las empuñaduras de ajuste de presión y en otros accesorios.

Precalentamiento. Utilizamos el calor sobrante de la caldera de mantenimiento instalada en una máquina de fundición a presión para precalentar el siguiente molde. De este modo, no solo ahorramos tiempo, también reutilizamos energía.

Utiles de prensa. Hay muchos tipos diferentes de útiles de prensa. Unificando sus alturas, resultan innecesarios los ajustes de carrera. El proceso de ajustes puede eliminarse usando plantillas, instalando topes y cortando en el útil ranuras para encajes.

No usar grúas. Para el desplazamiento de útiles que pesan 2,5 tons., no usamos grúas o carretillas elevadoras. Hemos creado carros planos dotados de rodillos móviles que nos permiten empujar o desplazar manualmente los útiles. Sin embargo, pueden usarse grúas durante la fase de preparación externa.

Uso de plantillas auxiliares. Toma tiempo instalar útiles sobre una mesa o soporte, o herramientas de corte en un cabezal. Por tanto, durante la fase de preparación externa del cambio, los útiles se colocan anticipadamente en una plantilla intermediaria estandarizada. Durante la fase de preparación interna a máquina parada, el útil puede instalarse en la máquina rápidamente. Para centrar una broca, utilizamos el mismo procedimiento. Este concepto es muy efectivo para ahorrar tiempo.

Directrices de cambio de útiles y herramientas de un jefe de sección de fabricación

Reproducimos a continuación las directrices preparadas por un jefe de sección de fabricación para acortar los tiempos de cambio de útiles. Pueden ser una útil lista de chequeo.

Objetivos de la reducción de tiempos de cambio de útiles

- Hacer el trabajo mas fácil, simplificado y gestionable.
- Hacer mas seguro el trabajo.

* Estabilizar la calidad, estandarizar el trabajo, hacerlo a prueba de errores, reducir los costes y los stocks.

Procedimiento para el trabajo de preparación de máquinas

* ¿Se ha estandarizado el procedimiento?
* ¿Hay despilfarro, irracionalidad y desigualdad en el contenido del trabajo?
* ¿Sabe exactamente qué contenidos del trabajo son verdaderamente necesarios?
* ¿Se preparan durante la fase de operación externa los útiles, herramientas y calibres necesarios?
* ¿Están los materiales necesarios al alcance de la mano?

Puntos a considerar para reducir los tiempos de cambio de útiles

* ¿Se ha retirado innecesariamente cualquier pieza?
* ¿Están disponibles todas las herramientas apropiadas?
* ¿Puede reducirse el número de tipos de herramientas?
* ¿Porqué son necesarios los ajustes? ¿Pueden eliminarse los ajustes?
* ¿Puede eliminar el uso de algunos pernos?
* ¿Puede convertir cualquier parte del proceso en una operación de un toque?
* ¿Qué es mejor, cambiar piezas o cambiar subensambles?
* ¿Pueden usarse en este proceso calibres o espaciadores?
* ¿Puede simplificarse el contenido del cambio de útil a través de cambios en los diseños de productos, montaje de la máquina, procesos, o diseños del útil?

Intercambio de útiles de un golpe

Hay muchas máquinas que se disponen en planta unas al lado de otras. Supongamos un proceso múltiple que se compone de doblado, estampación, soldadura y taladrado. En esta situación de múltiples procesos, ¿cómo podemos proceder con los cambios de útiles y herramientas?

Asumamos que tenemos que procesar en secuencia las piezas A y B y que tenemos cuatro máquinas. Lo que *no* hacemos es primero procesar la pieza en secuencia en las cuatro máquinas, y cuando se han terminado los cuatro procesos, cambiar los útiles de las cuatro máquinas para empezar a procesar B. Si hiciésemos esto, estaríamos gastando demasiado tiempo.

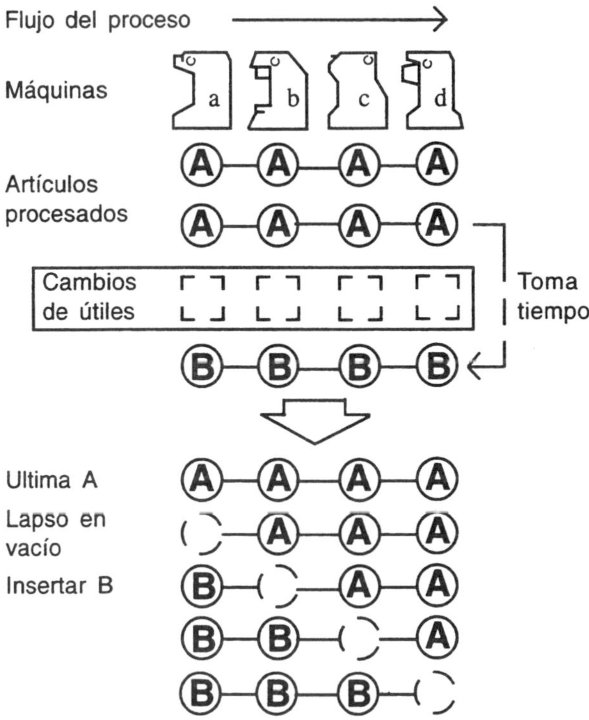

Figura 13. Cambio de útil de un toque

En la parte inferior de la figura 13 mostramos un método alternativo que usamos en Toyota. Cualesquiera sea el número de máquinas conectadas, una pieza procesada fluye de una a otra, dentro de cada ciclo de tiempo.

Como puede observarse en la figura, primero llega un momento en que están cargadas las cuatro piezas A, una en cada máquina. Transcurre un ciclo de tiempo en el que la primera máquina está en vacío mientras la primera pieza A sale del proceso. Durante ese ciclo se instala la primera pieza B, al ciclo siguiente la segunda pieza B, etc. En otras palabras, el cambio de útiles se hace secuencialmente en cada máquina, de modo que cada uno de ellos ocupa un solo ciclo de tiempo, y solo se pierde un ciclo en el conjunto del procesamiento de A y B. En Toyota, denominamos a esto, *cambio de útiles de un toque.*

4
«JUST-IN-TIME» Y AUTOMATIZACION

Estilo supermercado

En el capítulo precedente hemos examinado la base del sistema Toyota, el sistema nivelado de producción. En este capítulo, estudiaremos los dos pilares que le fundamentan, concretamente el sistema «just-in-time» y la automatización con tacto humano.

«Just-in-time» significa suministrar a cada proceso lo que necesita cuando lo necesita y en la cantidad necesaria.

Esta no es una faceta única de Toyota. Siempre que hay un plan de producción, se está intentando conseguir el «just-in-time». Es decir, realizar el trabajo sistemáticamente, eliminar el stock en exceso, eliminar el despilfarro, la irracionalidad y los desequilibrios, y elevar la productividad.

En la década siguiente a la Segunda Guerra Mundial, Toyota siempre tuvo listo a principio de cada mes un plan de producción. Pero la totalidad de las piezas no podían reunirse nunca hasta mitad de mes. En lo que se refiere a la línea de ensamble, la mayor parte de su trabajo se hacía cerca del final de mes. De este modo, de una u otra forma, la compañía cumplía sus cuotas mensuales.

Era una situación exasperante. Cualesquiera fuesen los esfuerzos que se hiciesen, las líneas de ensamble producían solamente un vehículo cada diez trabajadores.

Por aquella época, Taiichi Ohno estudió el funcionamiento de los supermercados estilo americano. Las conclusiones a las que llegó fueron que la estructura de gestión de un supermercado podría aplicarse de alguna forma a una planta de fabricación.

En un supermercado, cada cliente selecciona el tipo y cantidad de artículos que necesita de los anaqueles de exposición, los coloca en un carrito de compras y paga todo al salir en la caja. Entonces se lleva los artículos a su casa. Al hacer esta compra, tiene en cuenta el número de personas de su familia, el espacio disponible en el refrigerador y el número de días que tiene que durar el aprovisionamiento.

El descubrimiento del Sr. Ohno fue que quizá este sistema — comprar para llevar a casa los elementos necesarios en la cantidad necesaria — podría utilizarse en las áreas de producción.

En aquellos días, el sistema de distribución comercial de Japón era arcaico. Aunque uno desease comprar *sushi* para solo una persona, no era correcto o admisible pedir justamente una unidad, de modo que había que pedir *sushi* para dos personas. Prevalecía el mismo concepto al pedir verduras en la verdulerías o *sake* en el proveedor de bebidas. Una pequeña cantidad no se admitía como pedido correcto, de modo que siempre había que pedir la cantidad apropiada aunque personalmente fuese excesiva para el comprador. Sin embargo, desde la perspectiva de un cliente, la compra estilo supermercado asegura que no hay que comprar nada en exceso. Simplemente, se compra lo que se necesita cuando se necesita.

El término «just-in-time» lo inventó Kiichiro Toyoda, primer presidente de Toyota. Pero fue el Sr. Ohno el que asumió el desafío. Por tanto, es Ohno el responsable de la creación del sistema Toyota tal como lo conocemos hoy. Vamos a escuchar todo esto de él, en sus propias palabras.

«Just-in-time»

«Cuando empecé a trabajar en Toyota, escuché que las piezas tenían que ensamblarse "just-in-time". Pensé que era una expresión interesante, pero en realidad no se hacía así. Empecé a pensar sobre algún modo apropiado para implantar el concepto "just-in-time". Puede que yo sea una clase de persona algo terca: tengo el hábito de invertir el proceso de mi pensamiento. Usando este proceso, empecé a discurrir que quizá todo lo que tendríamos que hacer era *establecer que el proceso que necesitaba piezas volviese al proceso anterior a conseguir lo que necesitase y en la cantidad necesaria.* Con esto, simplemente invertía el sistema de transporte.

«Previamente en cada empresa — y nosotros no éramos una excepción — tan pronto como un proceso completaba un trabajo, sus productos se enviaban al proceso siguiente. En algunos casos, los procesos posteriores servían como almacenes intermedios. En toda clase de situaciones, era una responsabilidad del proceso que fabricaba piezas y componentes trasladarlos al proceso siguiente. Mi idea era que la responsabilidad del transporte entre procesos debería asignarse al proceso posterior. En cuanto al proceso precedente, simplemente tenía que facilitar lo que producía colocándolo en su salida. Cuando el proceso siguiente necesitase estos productos, tendría que venir a por ellos, pero solo cuando los necesitase.

«Conforme el proceso siguiente acude al proceso anterior a aprovisionarse de materiales, el proceso precedente tiene que reemplazar todas las piezas o materiales que se acaban de retirar. Con la adopción de este método, las áreas de almacenaje intermedio resultan innecesarias. El proceso precedente fabrica las cantidades que se han retirado cuando eran necesarias y almacena esa producción. Una vez repuesto el lugar de almacenaje, la producción tiene que parar.

«Este sistema tiene cierto número de ventajas. Asumiendo que hay un número de trabajadores, máquinas y equipos tal que existe exceso de capacidad, algunos directivos pueden estimar que es un despilfarro mantenerles ociosos. De modo que, aunque no sea necesario en ese momento, les mantienen produciendo. A continuación, es probable que comprueben que no tienen suficiente espacio de almacenaje, o que no lo tienen próximo y tienen que realizar operaciones de transporte y manejo de artículos que no añaden valor. Esta es la razón por la que siempre les digo que deben mantener todo lo que hagan en el lugar donde lo hacen. Deben producir para reemplazar solo lo que se ha retirado porque es necesario. De este modo, todos los trabajadores pueden determinar lo que tienen que hacer simplemente observando los puntos de reaprovisionamiento. Los trabajadores saben de una ojeada si se están retrasando o si van con demasiada rapidez. Ahora, supongamos que hay materiales en abundancia, pero como no hay sitio para almacenar los elementos fabricados, los trabajadores están forzados a permanecer parados. Lo que sucede aquí, es que tanto supervisores como trabajadores perciben que quizá el proceso no necesita tantas personas. De este modo, la asignación de trabajadores se convierte en una tarea relativamente sencilla. El sistema «just-in-time» se ha convertido en un método viable y práctico, creando un sistema de transporte interno en orden inverso.

La extracción se hace por el proceso posterior

Los automóviles contienen decenas de miles de piezas. Los procesos requeridos para fabricar un coche son muy numerosos. Es una tarea sumamente difícil engranar todos estos procesos diferentes en un sistema de producción «just-in-time» integrado. Para alcanzar en la realidad esta meta, los planes de producción tienen que cambiarse con relativa frecuencia.

Son numerosos los factores que causan cambios en los planes de producción, incluyendo cambiantes condiciones del mercado y variados factores internos del fabricante. Cuando incide alguno de estos factores, y surge un problema en el proceso precedente, el proceso posterior puede encontrar que no dispone de piezas o de otros elementos necesarios para producir. Algunos procesos siguientes pueden tener que parar sus líneas o cambiar sus planes.

Si la dirección no presta atención a las condiciones existentes (variables) y asigna a cada proceso un plan de producción estricto y blindado, puede crear varias consecuencias indeseables. Entre ellas están (1) producir piezas sin considerar las necesidades del proceso siguiente, y (2) crear una seria falta de aprovisionamiento para un proceso siguiente al mismo tiempo que un gran stock de piezas innecesarias. El resultado es que, en definitiva, el plan blindado tiene que cambiarse y causa difíciles problemas en el proceso. Crear y facilitar nuevas instrucciones y hacer ajustes pueden necesitar muchas horas de personal directivo o técnico. Incluso si estas tareas de gestión se manejan adecuadamente, aún quedan por delante tareas engorrosas como ordenar los materiales y stocks, manejarlos, limpiarlos, contarlos y tomar medidas para impedir su oxidación. Todo esto puede traducirse en muchas horas de trabajo. Es un modo seguro de crear una gran carga de despilfarro en la planta.

Hay otro efecto, incluso mas indeseable. En cada una de estas líneas, los trabajadores pueden perder la percepción de lo que es normal o anormal, y como resultado, las condiciones anormales se pasan por alto. Hay demasiado personal, y la línea produce en exceso. En este caso, si la situación se detecta, pueden implantarse mejoras. Pero si se produce en exceso respecto a lo que realmente se necesitaría mientras se cumple el plan, la situación no se detecta y no se hace nada. Cuando interactúan estos factores, los despilfarros se crean uno detrás de otro. Y esto a su vez incide en el debilitamiento de la condición económica de la compañía.

Sin embargo, si un proceso puede suministrar los elementos que son necesarios en el momento necesario y en la cantidad necesaria para otros procesos, el despilfarro examinado anteriormente puede eliminarse del lugar de trabajo y la mejora avanzar un paso. Para lograr esto, la dirección debe abandonar la práctica de entregar planes de producción a cada uno de los procesos, y la de hacer que el proceso precedente transporte sus productos al proceso siguiente. Este sistema no facilita dejar claro cuánto es lo que realmente necesita el proceso posterior, con la consecuencia de que el proceso anterior probablemente producirá en cxccso. La productividad se afecta negativamente cuando un proceso produce una cantidad innecesaria o transporta al proceso siguiente materiales no necesarios para este último de modo inmediato.

Como ya hemos indicado anteriormente, la solución es invertir este proceso. El proceso siguiente acude al precedente a extraer lo que necesita. Se cambia el flujo, y en vez de que el proceso anterior traslade al posterior lo que ha producido, *el proceso posterior extrae del precedente lo que necesita cuando lo necesita. El proceso precedente produce exactamente la misma cantidad que se ha extraido.* De este modo, puede resolverse la variada gama de problemas que hemos descrito.

El punto final de los procesos de fabricación es la línea de ensamble final. Esta se convierte en el punto de partida de la gestión, y solamente a ella se le entrega un plan de producción. En este plan, se especifican los tipos de automóviles a producir, en qué cantidades son necesarios, y cuándo son necesarios. La línea de ensamble acude al proceso precedente a extraer las piezas y componentes que necesita. De este modo, la gestión se realiza remontando hacia atrás el proceso de fabricación completo, e incluso la división de primeras materias puede conectarse simultáneamente con el resto del proceso de fabricación formando una cadena integrada de procesos. Como resultado, se satisfarán las condiciones requeridas para el sistema «just-in-time», y las horas de trabajo de gestión se reducirán significativamente.

En este entorno, se usa el kanban para extraer piezas o pedir la producción de piezas y componentes. A través del sistema kanban, la producción «just-in-time» puede realizarse de modo fluido, y eliminarse sustancialmente el despilfarro en los lugares de trabajo. En la gestión de la producción se puede lograr una situación casi ideal. Además, las líneas ganan en flexibilidad, poniéndose un freno a la creación de despilfarro.

Automatización con tacto humano

Otro pilar del sistema Toyota es *la automatización con tacto humano*.

Hay muchas máquinas que empiezan a funcionar apretando un conmutador. También nosotros tenemos muchas máquinas de alta velocidad y rendimiento. Si sucede algo inusual, p.ej., se introduce una sustancia extraña, pueden romperse el equipo y el útil. El desecho puede atascar el proceso regular de la máquina, o si el mecanismo de entrada del material o de salida del producto se rompe y empiezan a producirse defectos, puede crearse inmediatamente una montaña de productos defectuosos. En tales casos, las máquinas no funcionan apropiadamente. ¿Cómo podemos prevenir esto? ¿Asignaremos una persona a estar observando permanentemente cada una de estas máquinas? Si la automatización implica necesariamente lo que acabamos de describir, entonces no podemos esperar eficiencia de la automatización. En Toyota, prohibimos estrictamente este tipo de automatización.

Escuchemos de nuevo al Sr. Ohno, para ver que nos dice sobre la automatización.

«En Toyota, insistimos en que la automatización tenga incorporado tacto humano (*ninben no tsuita jidoka*). Sin este tacto humano, la automatización pierde su significado. Cualquier máquina puede automatizarse, y otros fabricantes pueden tener automatización con tales máquinas. Pero nosotros añadimos tacto humano a estas máquinas.

«En pocas palabras, esta automatización con tacto humano tiene un mecanismo automático de parada si algo procede incorrectamente. Cuando se ha terminado el proceso, o se ha fabricado un elemento defectuoso, sin este mecanismo automático de parada la situación puede llegar a ser seria. Si se crean defectos en gran cantidad, será difícil controlarlos. Simplemente, tenemos que instalar un mecanismo que impida la producción en masa de artículos defectuosos».

Añadir la sabiduría de los usuarios

«Esta *automatización con tacto humano* es una frase que probablemente inventó también el Sr. Toyoda. Sakichi Toyoda, venerable y recordado fundador del grupo Toyota, creó un telar automático con tacto humano.

«En la industria textil, se definen estrictos estándares. En cada pulgada cuadrada, se requiere un número exacto de hilos para urdimbre y trama, y con esta especificación, queda firmemente establecido el tipo de tejido. Si se omite algún hilo en urdimbre o trama, el producto es defectuoso.

«El telar automático de Toyoda paraba inmediatamente siempre que un hilo se rompía, o que no se alimentase hilo en el telar. En otras palabras, el telar no podía producir defectos, por que tenía un mecanismo de parada automática. Se nos decía que esta era una máquina con tacto humano.

«Cuando visité la fábrica de Toyoda Automatic Loom Manufacturing, me permití bromear: "Digamos que su fábrica tiene el orgullo de decir que produce telares automáticos con tacto humano. Veo que han retirado de su nombre el término 'tacto humano'. ¿Se han empobrecido por ello?" Tener tacto humano significa que las máquinas automáticas pueden supervisarse a sí mismas y detectar cuándo producen defectos. Estas máquinas paran justo antes de que vaya a producirse un defecto. Después de esta invención, fue posible que un trabajador manejase mas o menos 20 telares, mientras estos telares funcionan a alta velocidad. Comparado con los días en los que un telar individual se controlaba con un pié, la productividad se ha elevado exponencialmente.

«Hemos aplicado este mismo tipo de pensamiento a la fabricación de piezas del automóvil. Incorporando a las máquinas este concepto de "tacto humano", pensamos que no es imposible elevar nuestra productividad diez o incluso 100 veces.

«Decimos a nuestros empleados: "Acaba de comprar estas máquinas automáticas, pero no tienen aún tacto humano. Este tipo de tacto tiene que incorporarlo Vd. Con el término "tacto humano" queremos decir que debe integrar sus conocimientos en las máquinas que maneja. Si se limita simplemente a operar las máquinas que acaba de comprar, no da muestras de ningún ingenio en particular. Para revalorizar su trabajo diario, incorpore su tacto a la máquina automática.»

Parar automáticamente

Mientras nadie hoy día discutiría la categoría de Toyota como fabricante del mas alto nivel, la situación era muy diferente en 1937 cuando se fundó Toyota. Teníamos que competir con los mejores fabricantes de automóviles de Norte América y Europa de entonces. Para enfrentar con éxito esta competencia, era necesario automatizar equipos e instalaciones. Desde 1955 a 1965, hicimos gigantescos avances hacia la automatización.

Sin embargo, los requerimientos de personal no parecían decrecer con la automatización. En algunos casos extremos, había hileras de máquinas automáticas, pero tenía que asignarse un inspector permanente a cada máquina. En efecto, estas máquinas no se diferenciaban en términos prácticos de las máquinas operadas manualmente.

Esto no significaba que fuesen deseables máquinas operadas manualmente. Lo que pasaba era que, simplemente, no teníamos una percepción adecuada de lo que debería ser la automatización. El primer paso hacia la automatización no era cómo debería procesar automáticamente la máquina, sino mas bien cómo podría detectar las anormalidades y parar automáticamente.

Lo que necesitábamos no era una máquina «automática», sino una con tacto humano auto-sensible. En Toyota, hacemos grandes esfuerzos para fabricar máquinas, tanto viejas como nuevas, que incorporan estos mecanismos similares al tacto humano, aplicando a ello nuestro ingenio. Ejemplos de esto, pueden encontrarse en máquinas con sistema de parada exacta en punto predeterminado, o con sistema de parada una vez completado el trabajo (sistema de trabajo pleno), o con sistema de trabajo a prueba de errores, y con diversos mecanismos de seguridad.

Este «concepto de automatización con tacto humano» se amplía mas allá de las máquinas a los lugares de trabajo de las personas en las líneas de ensamble. Personas y máquinas deben parar inmediatamente si se encuentra alguna anormalidad. Este sistema entero es lo que denominamos «automatización con tacto humano».

El término japonés para automatización es *ji-do-ka*, con tres caracteres chinos. El primer carácter, *Ji*, significa al trabajador mismo. Si el trabajador estima que «esto no es correcto», o que «estoy produciendo un artículo defectuoso», debe parar inmediatamente el transportador de la línea. Por tanto, sugerimos que cada trabajador tenga un conmutador de parada de la línea. Siempre que sienta que algo va incorrectamente, inmediatamente para la línea.

IDEAS DE OHNO

Automatización con tacto humano significa que una máquina puede pararse a sí misma usando sus propios mecanismos sensores.

Automatización con tacto humano es meramente una habilidad para funcionar autónomamente.

Las máquinas automáticas (sin este tacto humano crucial) pueden destruir máquinas y útiles siempre que haya una anormalidad. Pueden producir gran cantidad de artículos defectuosos, y requerir la presencia permanente de inspectores.

Parar la línea

No es fácil parar la línea cuando el trabajo está en progreso. Cuando para la línea aunque sea momentáneamente, el volumen de producción baja, y ningún supervisor o mando se siente feliz con este pensamiento. En Toyota, las líneas se paran, pero esto no significa que nos guste hacerlo.

En caso de cualquier evento extraño, las líneas de Toyota paran ahora, antes y mañana. Cuando paran, lo hacen solo durante unos pocos segundos. Esto se hace con el fin de hacer que la línea funcione regularmente. Paramos las líneas teniendo como objetivo último no tener que volverlas a parar de nuevo.

Esta es una historia real:

Había un supervisor en Toyota, al que llamaremos Señor A, que constantemente rehusaba parar su línea. En aquella época, había otro supervisor, al que llamaremos el Señor B, que, como se le había sugerido, paraba su línea si sucedía un problema.

El Sr. B no temía parar la línea, de modo que inicialmente la paraba con demasiada frecuencia. El número de automóviles montados en su línea se reducía dramáticamente y no podía mantener el plan de producción. Sin embargo, la línea paraba como consecuencia de los muchos problemas que, mientras eran conocidos por los trabajadores, no se habían presentado nunca a la atención del Sr. B.

Parando la línea, el problema se hacía obvio. Se resolvían uno tras otro. Después de tres semanas, la situación se invirtió. La línea del Sr. B superó en rendimiento a la del Sr. A. Este último continuaba pensando que parar la línea significaba reducir la eficiencia y crear una pérdida a la compañía.

Aunque pueda sonar a paradoja, para nosotros parar la línea significa asegurar que será posible hacer mas fuerte a la línea de modo que no tendrá que parar de nuevo por la misma razón. La meta es crear una línea ideal, de modo que la compañía está dispuesta a asumir la pérdida asociada a la parada de la línea. Por tanto, cuando la línea para, los supervisores se afanan en resolver los problemas.

No merecen crédito los supervisores que nunca ordenan «parar la línea». Igualmente están en falta aquellos supervisores que paran la misma línea dos o tres veces por la misma razón.

> ## IDEAS DE OHNO
>
> *La línea que no se para nunca es o bien una línea tremendamente buena, o absolutamente mala.*
>
> *La mayoría de las líneas no pueden pararse por el gran número de personas que tienen asignadas, oscureciendo los problemas.*
>
> *Lo necesario es asegurar que la línea pueda pararse. Y entonces mejorar la línea de modo tal que resulte una línea que no necesita pararse, incluso aunque se desease hacerlo.*

Debemos pensar cuidadosamente sobre el significado de esta frase: «La línea que no se para nunca es o bien una línea tremendamente buena, o absolutamente mala.»

Lugares de trabajo fáciles de observar

El modo de parar la línea es instalar para cada trabajador de la línea un conmutador de parada, y permitirles que continúen trabajando en sus operaciones estándares. Si dentro de su área de trabajo no es probable que pueda completar su tarea, pulsa el conmutador de parada de la línea.

El trabajo puede retrasarse porque las piezas no están ensambladas correctamente o son defectuosas y no pueden ajustarse. Estas razones se estudian cuidadosamente, y los errores se corrigen en detalle conforme ocurren. De este modo, el mismo error no se repite. A largo plazo, es mas ventajoso para la línea.

En Toyota Motors, hay un conmutador de parada para cada línea. Cuando un nuevo trabajador se incorpora a la línea, la primera lección que recibe es cómo parar la línea.

Si por cualquier razón se para la línea, una luz de alarma se enciende sobre un tablero suspendido encima de cada línea, indicando en qué proceso de la línea sucede un problema. Este tablero indicador se denomina *andon*.

Figura 14. Lugar de trabajo fácil de observar

Por ejemplo, una línea consiste en doce procesos. Por alguna razón, la línea se para en el proceso (4). El tablero *andon* mostrará inmediatamente una luz encendida en la posición (4) para indicar que hay un problema en ese punto. Un supervisor cercano se aproxima inmediatamente para estudiar el problema y facilitar una solución técnica.

Con el empleo conjunto de los conmutadores de parada y las luces de señal, las condiciones existentes en la línea se hacen obvias de una ojeada. Esto facilita el *control visual*.

Control visual

Hemos señalado repetidamente que la orientación mas importante del sistema Toyota es la radical eliminación del despilfarro. Sin embargo, es difícil reconocer en qué consiste realmente el despilfarro. En contraste, no es difícil determinar los métodos o modos de eliminar el despilfarro.

Por tanto, si podemos hacer obvio a todos qué es despilfarro y qué no lo es, hemos dado el primer paso positivo hacia su eliminación.

El presidente de una cierta compañía cooperadora vino un día a Toyota y dijo: «No tenemos suficiente trabajo. Por favor, vean si pueden hacer algo». Toyota se alarmó y envió al Vicepresidente Ohno y su staff a visitar la fábrica.

Ohno volvió a la fábrica sorprendido. «Si no tuviesen trabajo, la fábrica debería estar sepulcralmente silenciosa. No me hubiese gustado ver eso». Pero lo que él y su staff vieron fue una fábrica con trabajadores moviéndose afanosos de un lado a otro y las máquinas en plena operación. No había señales de que la ocupación fuese insuficiente.

El grupo estaba desconcertado. Fueron a visitar dicha fábrica con la idea de que era responsabilidad de Toyota facilitar trabajo a sus subsidiarias, pero no esperaban ver lo que vieron.

Ohno y su grupo esperaban que serían recibidos con ojos suplicantes, desde el presidente hacia abajo, diciendo: «¿Qué van a hacer Vdes. sobre esto?» Pero no era éste el caso.

Cuando el grupo terminó su estudio, encontraron que la cantidad de trabajo no era tanto como el que la subsidiaria podría llegar a manejar. Pero si ese era el caso, habría sido mejor tener alguna evidencia visual. Algunos trabajadores podrían permanecer allí sin ocupación.

«Esté mano sobre mano»

El ejemplo que sigue puede ser un poco extremo. Pero en Toyota decimos a nuestros trabajadores, «Esté mano sobre mano». Cuando no hay trabajo, no deseamos que hagan algo innecesario. Es mejor que permanezcan donde están sin hacer nada.

Se fuerza a los trabajadores a «estar mano sobre mano» por que se les ha asignado una cantidad insuficiente de trabajo. El fallo está en la asignación y no puede imputarse a los trabajadores. Cuando están sin hacer nada, sus líderes de grupo y mandos inmediatos conocen la situación inmediatamente. Esto facilita a mandos y líderes la oportunidad de reevaluar la forma de hacer las asignaciones y de iniciar actividades de mejora.

Este es otro ejemplo de un lugar de trabajo fácil de observar en el que el control visual puede ser efectivo.

A menudo, el presidente, o el director de división o de la planta recorren las áreas de trabajo. Los trabajadores pueden sentir que hacer rondas de visitas una vez por año no es suficientemente bueno. Tales visitas pueden ser mucho mas útiles si las áreas de trabajo se autoorganizan de modo que cualquier visitante pueda captar de una ojeada lo que está sucediendo en cada área.

IDEAS DE OHNO

Convierta su área de trabajo en una sala de exposición que pueda entenderse por cada uno de una ojeada.

En lo que se refiere a la calidad, esto significa hacer los defectos inmediatamente aparentes. En cuanto a la cantidad, significa que el progreso o retraso, medidos en comparación al plan, se hacen inmediatamente aparentes.

Cuando se hace esto, los problemas pueden descubrirse inmediatamente, y cada uno puede iniciar planes de mejora.

Métodos de control visual

Para promover el control visual, en cada uno de los lugares de trabajo se ponen en práctica los siguientes pasos:

1. *Determinar las localizaciones* en las que se almacenan productos y piezas, señalizando claramente esas localizaciones. Marcar la localización en el kanban. Mediante esto, pueden encontrarse inmediatamente las anormalidades referentes al control del almacenaje, al procedimiento para manejar el trabajo en curso, el status del progreso, y las operaciones de transporte.

2. *Instalar un tablero de señales (andon)* a emplear para parar la línea. Mostrará el estado de movilidad de la línea, los lugares en los que suceden desajustes o problemas, etc. Las me-

didas tomadas para corregir desajustes o defectos pueden adoptarse y conocerse rápidamente.

3. *Colocar un kanban por encima de la línea*. Este muestra el trabajo que está en progreso, el estatus de la preparación para la fase siguiente, la condición relativa de la carga de la línea y la necesidad de organizar trabajo en tiempo extra.

4. *Tablero kanban*. A través de éste, pueden conocerse de una ojeada el tiempo de ciclo, el procedimiento de trabajo, el stock en mano estándar y otros elementos.

El control visual en las áreas de trabajo hace posible dejar que las máquinas operen automáticamente cuando las condiciones son normales, y facilita que los trabajadores traten las anormalidades cuando éstas se producen.

El control visual es un concepto importante. Está directamente conectado con los dos pilares del sistema Toyota: el «just-in-time» y la automatización con tacto humano.

Vaqueros involucrados en el control de anormalidades

Control es una palabra usada por todas partes. Pero, ¿cuál es la esencia del control?

Un vaquero traslada una numerosa manada de reses varios cientos de millas. Esta es la esencia del control. Como se muestra en los ranchos del Oeste, decenas de miles de reses se trasladan de una localidad a otra por un pequeño número de vaqueros.

En circunstancias normales, los vaqueros no hacen nada y meramente acompañan el rebaño. Pero si la cabeza de la manada se desvía del curso correcto, los vaqueros se acercan a la cabeza de la manada y corrigen la dirección de la marcha. Si unos pocos animales se apartan de la manada, los vaqueros usan sus lazos para sujetarlos y devolverlos a la manada.

Asumamos que se dicta un reglamento que impone que cada novillo debe estar acompañado de un vaquero que asegure que sigue el camino correcto. En tal caso, ningún rebaño llegaría a atravesar cientos de millas de terreno inhóspito para alcanzar su destino. Lo mas probable es que todos los novillos terminarían siendo comidos por los vaqueros, y los rebaños nos llegarían a su destino. En este podría al final haber un grupo de vaqueros, pero sin vacas.

En otras palabras, el control no es necesario si las cosas se mueven a lo largo de la línea fluidamente. Solo cuando se produce una anormalidad, es necesario tomar acción rápidamente.

Considerando todas las posibilidades sobre lo que debemos hacer, hemos concentrado nuestros esfuerzos de control en las anormalidades. En Toyota, denominamos a esto *control de anormalidades*.

Con este control de anormalidades, puede ampliarse la capacidad de control o su radio de acción. Un trabajador puede manejar así cierto número de máquinas automáticas. Un líder de grupo o encargado puede observar y supervisar varias líneas. Los encargados de piezas en el departamento de ingeniería pueden manejar un extraordinario número de piezas de modo eficiente.

5
CONTROL DE LUGARES DE TRABAJO A TRAVES DEL SISTEMA KANBAN

El plan de producción de Toyota

«¿Tiene Toyota un plan de producción?» Esta es una cuestión que se nos pregunta a menudo. Los que preguntan razonan que con el sistema «just-in-time» para fabricar automóviles, Toyota no debería necesitar un plan de producción. Realmente, hacer lo que se necesita, en el momento en que se necesita y en la cantidad necesaria parece de algún modo una forma azarosa de hacer cosas.

Sin embargo, Toyota Motors, como cualquier otra compañía, tiene un plan de producción. Derivados de la política corporativa global, se formulan un plan a largo plazo, un plan anual y un plan mensual. Se establece también un plan diario, mostrando cuántas unidades de cada tipo se fabricarán diariamente. Naturalmente, el plan diario apoya la noción de nivelar las cargas. Por ejemplo, si el plan mensual señala la producción de 10.000 unidades y el número de días de operación es 20, la producción diaria será 500 unidades. De estas 500, el estilo A será 250 unidades, el estilo B 200 unidades y el estilo C 50 unidades.

El plan diario se desarrolla en un procedimiento diario. Muestra el orden en el que transcurrirá el flujo de diferentes estilos. Primero, se introducirán en la línea de montaje una o varias unidades A, después las B, después unidades A otra vez, después alguna o algunas C, etc.

Sin embargo, una de las características mas distintivas del plan de Toyota es que el plan para el procedimiento diario se entrega solamente a la línea de ensamble final y no lo recibe nadie mas en la planta.

A los procesos precedentes, tales como los de prensas o mecanizado, solo se les comunica una estimación aproximada de la producción y necesidades para el mes de cada uno. Por supuesto, la cantidad necesaria para un mes no es un número fijo. Pero puede facilitar una referencia para las operaciones de cada proceso. Una vez conocida la cantidad prevista mensual, puede calcularse el output de cada día, y prepararse un plan que determine los tiempos de ciclo necesarios para cada tipo de pieza a fabricar (p.e., cuantos minutos y segundos por pieza).

Por tanto, con la excepción de la línea de ensamble final, los lugares de trabajo no reciben nada que tenga las características usuales de un plan de producción. En cierto sentido, no tenemos instrucciones uniformes de producción. Esta es la razón por la que algunos pueden pensar erróneamente que Toyota no tiene plan de producción.

Los planes se hacen para ser modificados

¿Porqué hacemos las cosas tal como hemos descrito?

Una idea maestra es que reconocemos que los planes se hacen para ser modificados. Cualquiera sea la precisión con la que se establece un plan, la condición del mercado cambia de hora en hora. Si las ventas caen, la compañía debe reducir el número de unidades producidas. Si las ventas suben, por supuesto la producción debe incrementarse.

Si un plan de producción tiene un carácter fijo, resulta difícil cambiarlo rápidamente. Admitiendo un cierto mínimo de flexibilidad, algunas empresas pueden continuar produciendo la cantidad exacta programada para este mes, y hacer los cambios requeridos el mes siguiente. Por supuesto, también en este caso podemos decir que el plan de producción se modifica de acuerdo con la evolución de las ventas.

En un régimen de plan fijo, se facilitan cifras específicas sobre volúmenes y clases de producción a cada proceso o grupo de procesos de la planta. Por tanto, incluso aunque haya problemas en el proceso posterior y anterior, el proceso que está entre ambos produce lo que se le ha asignado. Como resultado, crea un excedente a un lado, y una ruptura de aprovisionamientos en el otro. Lo que se logra es algo totalmente diferente a lo pretendido en el plan original. En este entorno, la confusión es un denominador habitual.

El sistema de control de producción que alimenta solamente una cantidad fija de información experimenta este tipo de dificultades.

Antes de seguir mas adelante, hay otra consideración que no podemos pasar por alto. Hay también algunos factores internos que impiden la apropiada ejecución del programa, de modo que las cosas no fluyen como se había planificado. Estos factores son los que crean productos defectuosos y causan disfunciones en las máquinas y rupturas de aprovisionamientos.

Un plan de producción está influenciado por factores internos y externos. Las condiciones de marketing cambian también constantemente. Para responder a estos cambios, deben modificarse constantemente las instrucciones entregadas a los lugares de trabajo. Como deseamos producir las cosas «just-in-time», deben entregarse frecuentemente órdenes de producción en tiempo oportuno. Para cada lugar de trabajo, la información mas importante es la cantidad y tipo de producto que debe producir ahora. Esto no requiere pasar la información en memos de instrucciones conjuntas pulidamente preparado. Las órdenes deben darse como sea necesario.

Supongamos que la compañía produce 5.000 unidades de un tipo de automóvil, de acuerdo con la demanda anticipada. Pero las ventas reales solo han llegado a 3.000 unidades. Habiendo completado todo el trabajo previsto, la compañía contempla súbitamente que tiene 2.000 unidades invendidas en sus almacenajes.

En este caso, se cometió un error cuando se adoptó como unidad el número de 5.000 automóviles. Si la compañía hubiese considerado como unidad de producción 500 automóviles, o 50 o incluso 5, produciendo cada vez la unidad definida en pequeños lotes secuenciales, podría haber parado su producción mucho antes cuando empezase a confirmarse que las ventas no llegarían ni de lejos al volumen pronosticado inicialmente.

Por tanto, la producción debe hacerse en pequeños lotes. Este es un modo seguro de evitar la producción excedente y de crear stocks de productos invendidos. Este concepto es un pilar fundamental de Toyota.

Facilitar información al minuto

¿Cuál es el modo mejor para dar órdenes de producción con frecuencia y diligentemente?

La cosa mas importante que tiene que conocer el lugar de trabajo es lo que debe hacer a continuación. Si esta información crucial se transmite en el momento oportuno, a menudo es suficiente.

En la línea de ensamble, los trabajadores deben saber qué tipo de automóvil viene a continuación, qué tipo es el siguiente a éste, etc. Si toma un minuto realizar la operación de montaje, las órdenes deben darse con intervalos de un minuto. Si la operación de montaje lleva tres minutos, entonces la orden siguiente debe llegar en tres minutos.

La provisión de información en tiempo oportuno simplemente significa que la forma de transmitir instrucciones debe ser consistente con el tiempo de ciclo.

Desde el punto de vista del trabajo administrativo, es mucho mas fácil dar órdenes cada hora, o cada día, en vez de transmitirlas en intervalos de uno a tres minutos. Esta es la razón por la que frecuentemente la información se transmite en paquetes o lotes. Pero debemos tener presente que cualquiera sea la complejidad del trabajo administrativo, no debe permitirse que los empleados tomen el camino fácil y contribuyan al despilfarro de la producción en exceso.

¿Es realmente complejo el trabajo de oficina? No pueden compararse la serie de actos involucrados en la fabricación de un automóvil con la serie de actos de ordenar esa producción. Es mucho mas fácil decir algo que hacerlo. Dar instrucciones es mucho mas fácil que fabricar un automóvil.

Proveer información al minuto significa también que la empresa está empeñada en controlar las anormalidades, con mecanismos que actúan cuando sucede algo inusual o improcedente.

Toyota no es una compañía que pueda permitirse que el producto final salga de las líneas sin supervisión o planificación.

Si no hay variaciones, el plan de actuaciones que se ha formulado por el ordenador se seguirá meticulosamente. Basándose en este plan, y manteniendo consistentemente los tiempos de ciclo, se entregan instrucciones que indican qué viene a continuación en la línea de producción.

Como medio de provisión de información ajustada al tiempo de ciclo, la línea de ensamble final usa el «inter-writer», mientras la mayoría de los demás procesos aplican el kanban.

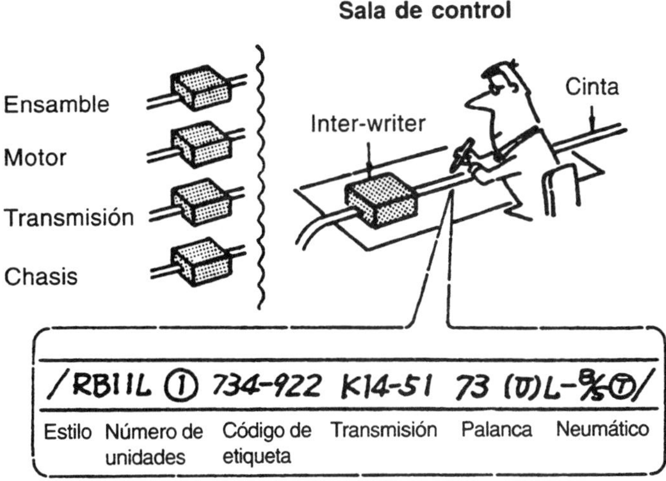

Figura 15. El «inter-writer»

El «inter-writer» es un tipo de mecanismo electrónico de comunicación. En la sala de control, un operador trabaja siguiendo el cuadro de procedimientos de montaje diarios creado por un ordenador. Transcribe manualmente en una cinta para cada automóvil su estilo, neumáticos, transmisión, chasis y carrocería. Mediante esta cinta que se transmite eléctricamente, cada uno de los procesos conoce al instante lo que tiene que hacer a continuación.

La etiqueta de códigos mostrada en la figura 16 es un ejemplo del tipo de etiquetas que facilitan especificaciones detalladas para los vehículos a fabricar. En la línea de montaje, basándose en la etiqueta de códigos mostrada en la cinta del «inter-writer», una etiqueta preparada por anticipado se adhiere a la carrocería del vehículo, y el ensamble sigue las especificaciones detalladas en la etiqueta.

	AOI				
Ensamble núm.		Fichero n°			Copia
		Destino	(Los automóviles de exportación deben llevar placa en inglés)		
Estilo de automóvil		*BJ 43L - KJW*			
Ballesta trasera	Eje trasero	Inyección	Bloqueo de la dirección	Palanca plegable	
	Semi	*Single*	*Sí*	/	
Caja de cambios	Ruedas libres	Sistema eléctrico	Tubo de escape	Transmisión	
411	/			*Directa*	
Alternador	Purificador aire	Refrigerador aceite	Acond. aire & calefacción	Manivela delantera	
480 W	/	/	*Calefactor*	/	
Aceite para clima frío	Compensación altura	LLC	Ventilador	Capó trasero	
	/		*Templado*	/	
EDIC				Destino a clima frío	
Sí					

Figura 16. Ejemplo de etiqueta

Establecidas las directrices basadas en este cuadro de procedimientos diarios de ensamble, con todo pueden producirse dificultades imprevistas en algunos procesos. O pueden ser necesarios cambios en el procedimiento de ensamble debidos a cambios de circunstancias. Como la cinta se imprime manualmente, puede alterarse para dar nuevas instrucciones siempre que se produzca un cambio.

De esta forma se usan los «inter-writers» en las líneas de ensamble. El kanban juega un papel similar en otros procesos, tales como los de forja, fundición y sub-ensambles, que constituyen la abrumadora mayoría de procesos en la fabricación de automóviles. El objetivo sigue siendo el mismo, esto es, proveer información en tiempo oportuno como medio de restringir la producción en exceso.

Las siguientes ilustraciones muestran dos tipos de kanbanes usados actualmente en Toyota Motors. La figura 17 muestra un kanban interno del proceso, y la figura 18 es un kanban de pedido de piezas a subcontratista. Cada una de estas tarjetas tiene un tamaño de 3,5 por 8 pulgadas, y está encapsulada en un soporte de vinilo.

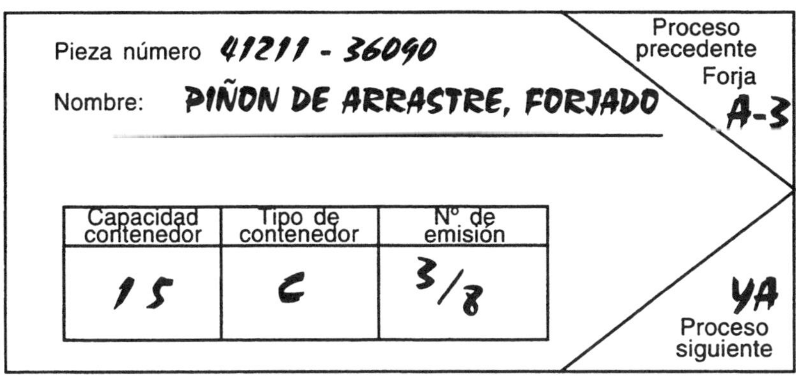

El proceso precedente es un proceso de forja, y el proceso siguiente acude al primero (sección A-3) a extraer piezas. La capacidad del contenedor es de 15 piezas, y el tipo de contenedor es C. Se han emitido 8 tarjetas de este kanban. Esta en particular es la número 3 de las emitidas. Los caracteres YA indican que el proceso posterior es el de templado.

Figura 17. Kanban interno

Cuando Ohasi Iron Works entrega piezas a la fábrica principal de Toyota Motors, lo hace en respuesta a este kanban de petición de piezas que se envía a los subcontratistas. El número 50 indica el número de puerta de recepción de Toyota. Las varillas se entregan al área de almacenaje A. El número 21 identifica a las piezas.

Figura 18. Kanban de pedido de piezas a subcontratista

La forma y contextura del kanban no son fijas. En algunos procesos, se hacen de hierro y son de mayor tamaño; otros tienen una forma triangular.

Importa poco la forma y contextura del kanban. Cada proceso y cada fábrica pueden determinar las que crean mas apropiadas. La consideración importante es determinar cómo transmitir mejor la información requerida con precisión.

Funciones del kanban

El kanban contiene información que sirve como orden de trabajo. Esta es su primer función. En resumen, es un *medio de instrucción automático* que provee información concerniente a lo que hay que producir, cuándo producirlo, en qué cantidad, por qué medios y cómo transportarlo.

A través del kanban, puede comprobarse de una ojeada la cantidad a producir, el tiempo, los métodos, los procedimientos y la cantidad a transportar, el lugar de almacenaje, los medios de transporte y el tipo de contenedores a utilizar.

Normalmente, las empresas facilitan información al lugar de trabajo concerniente al «qué, cuándo y cómo» en forma de memorándums que contienen un cuadro del plan de trabajo, otro del plan de transporte, órdenes de producción y órdenes de entrega. La información concerniente al método de producción, destino del transporte y áreas de almacenaje se contiene en un manual de operaciones estándares, que a menudo se esconde debajo de una pila de papeles en una esquina de algún despacho. Raras veces se hace honor a estos estándares — una de las principales razones de que se produzcan elementos defectuosos.

El sistema kanban se creó para hacer lo siguiente:

1. Emplear operaciones estándares en todo momento.
2. Entregar directrices basadas en las condiciones actuales existentes en el lugar de trabajo.
3. Evitar la realización de cualquier trabajo innecesario para todos los implicados en operaciones de arranque, y evitar la creación de una inundación de papeles que no pueden servir como materiales fuente para el futuro.

IDEAS DE OHNO

Bien, puede pensar que está creando materiales fuente útiles (shiryo) para la empresa. Pero, a menudo, todo ello se convierte en una pila sin importancia de papeles (shiryo) o, peor aún, peso muerto (shiryo). El verdadero shiryo *puede tener solo un significado, y este debe ser el de verdaderos materiales fuente.*

La segunda función del kanban es la de moverse con el material. Ya hemos sugerido que el kanban es una herramienta para el control visual. Para poner en práctica éste, debemos tener en función al mismo tiempo las funciones primera y segunda. Si el material y el kanban pueden moverse juntos de modo consistente, será factible lo siguiente:

1. No se producirá producción en exceso.
2. Resultará obvia la prioridad en la producción (cuando se apila el kanban de un elemento, este es el elemento que debe producirse en primer lugar).
3. Resulta mas fácil el control del material.

El término *kanban* apareció asociado a la lista de operaciones estándares, que examinaremos mas adelante en este libro. Procede de la práctica en la que mandos o encargados de lugares de trabajo separados escribían el contenido o programa de trabajo de su grupo en pequeñas cuartillas de papel, y las colocaban en algún póster, junto con las de otros encargados, para mostrar a todos lo que estaba en marcha. En otras palabras, mostraban públicamente en un trozo de papel lo que antes se hacía en una tablilla (kanban). Cuando uno tenía colocado públicamente su kanban, estaba haciendo una declaración de que lo que decía el kanban no era mentira. «Si hay cualquier falsedad en lo que esta tienda y su kanban proclaman, no esperamos que se nos pague». En los días viejos, los comerciantes declaraban esto a sus clientes; nuestro kanban procede de esta tradición.

El sistema kanban también despeja las asunciones erróneas que otras personas puedan adoptar sobre nosotros. Pretende mostrar que hacemos las cosas abiertamente.

Seis reglas para el kanban

Cuanto mejores son las herramientas, mas efectivas son para alcanzar las metas. Sin embargo, si se utilizan de modo erróneo, pueden convertirse en estorbos que impedirán alcanzar las metas para las que fueron diseñadas.

Lo mismo puede decirse respecto al kanban, que es una herramienta creada para gestionar con efectividad los lugares de trabajo. A continuación, explicamos las reglas o precondiciones de la operación del kanban.

Regla 1: No enviar productos defectuosos al proceso siguiente

Fabricar productos defectuosos significa invertir materiales, equipos y trabajo en algo que no puede venderse. Es el mayor despilfarro de todos. Es la peor ofensa contra la reducción de costes, que es la meta de toda industria. Si se descubre un producto defectuoso, antes de cualquier otra cosa, deben tomarse medidas para evitar su repetición, y garantizar que no se producirán de nuevo defectos similares.

Dentro de este concepto de eliminación de defectos, la primera regla debe ser que los productos defectuosos no se envíen al proceso siguiente.

El cumplimiento de la primera regla implica lo siguiente:

1. El proceso que acaba de producir un producto defectuoso puede y debe descubrirlo inmediatamente.
2. El problema de ese proceso reclama inmediatamente la atención de todos. Si se deja sin resolver, el proceso siguiente puede parar o el proceso causante mismo puede verse desbordado por una pila de defectos. Por tanto, mandos y supervisores están forzados a implicarse en la tarea de emprender medidas contra la repetición.

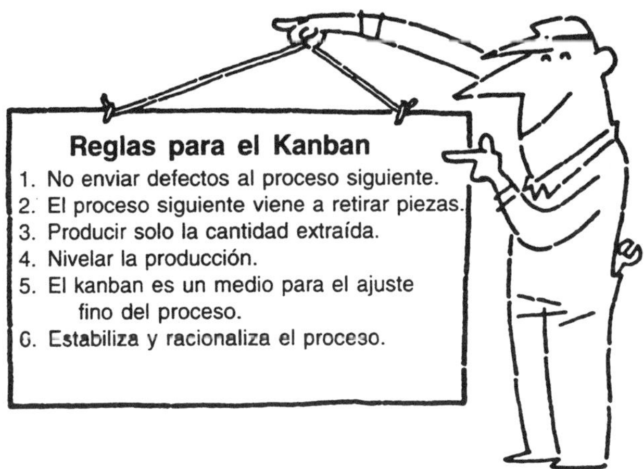

Figura 19. Reglas para el Kanban

Con el fin de seguir esta regla escrupulosamente, las máquinas deben pararse automáticamente cuando producen algo defectuoso, y los trabajadores deben parar sus operaciones. Aquí es donde entra en juego el concepto de automatización con tacto humano.

Si los productos defectuosos se mezclan con los buenos, hay que seleccionarlos y separarlos inmediatamente. Si los productos defectuosos se suministran por subsidiarias o subcontratistas, no hay que modificar sus tarjetas de entrega. Hay que pedirles que reemplacen en la próxima entrega el número exacto de elementos defectuosos.

A menos de que tengamos la seguridad de que todas las piezas que fluyen a través de todos los procesos son productos buenos, el sistema kanban mismo colapsará.

Regla 2: El proceso siguiente viene a extraer solo lo que necesita

La segunda regla es que el proceso siguiente viene al proceso precedente a extraer piezas y materiales solo en el momento en que los necesita y en la cantidad necesaria.

Este aspecto se ha examinado ya en conexión con el tema del «just-in-time». Se crea una pérdida si el proceso precedente suministra piezas o materiales al proceso posterior en un momento en el que no los necesita o en cantidad que está por encima de las necesidades de este último. La pérdida puede proceder de muchas direcciones, incluyendo la procedente del exceso de stocks, o de tiempos extra no necesarios, o de inversiones en nuevas instalaciones o máquinas sin conocer que la instalación actual es realmente suficiente. Luego tenemos una posible pérdida que surge de la inhabilidad para adoptar medidas apropiadas cuando las instalaciones existentes crean un terrible cuello de botella, de nuevo sin conocer la situación exacta. La peor pérdida surge cuando el proceso no puede producir lo que es necesario, por que ha estado produciendo lo que no lo es.

Para eliminar estos tipos de despilfarro, entra en juego la segunda regla. Pero, ¿qué debe hacerse para cumplir esta regla?

Si cumplimos la primera regla (no enviar nunca productos defectuosos al proceso siguiente), el proceso en cuestión puede descubrir siempre los defectos que hayan aparecido dentro de su área. No hay necesidad de obtener información de otras fuentes. El proceso puede suministrar piezas y materiales de buena calidad. Sin embargo, aún este proceso puede no tener la habilidad de determinar el momento y la cantidad de productos que requerirá el proceso siguiente. Con el fin de que el proceso funcione apropiadamente, esta información debe suministrarse de otra fuente.

Por tanto, tenemos que cambiar el supuesto de que «suministramos al proceso siguiente» a «el proceso siguiente viene a retirar» del proceso precedente en el momento que lo necesita y en la cantidad necesaria.

Desde la línea de montaje final, que es el proceso final, al proceso en que los materiales se retiran del almacenaje inicial, que es el primer proceso, si todos los procesos pueden funcionar con un procedimiento en el que siempre el proceso posterior acude al anterior para retirar los materiales necesarios en el momento en que los necesita y en la cantidad necesaria, entonces ningún proceso tiene que preocuparse de la información concerniente al tiempo y cantidad de los materiales a suministrar al proceso siguiente.

Transformando la noción de «suministro» en una noción de «extracción», hemos descubierto de un golpe los medios de resolver un problema muy difícil. Este es el fundamento de la segunda regla: el proceso posterior debe acudir al anterior a retirar los materiales. Pero para asegurar que el proceso posterior no retirará materiales del proceso anterior de modo arbitrario, son necesarios algunos pasos concretos.

Son los siguientes:

1. No extraer sin un kanban.
2. Los elementos retirados no pueden exceder del número indicado por el kanban entregado.
3. Un kanban debe acompañar siempre a cada elemento o conjunto de elementos.

Estos tres importantes principios aseguran que la segunda regla se pone en práctica correctamente.

Regla 3: Producir solamente la cantidad exacta retirada por el proceso posterior

La importancia de la tercera regla, producir solamente la cantidad exacta retirada por el proceso siguiente, puede inferirse del examen de la segunda regla. Es, después de todo, una extensión lógica de la segunda.

Por supuesto, esta regla se predica de la condición de que el proceso mismo debe restringir su stock a un mínimo absoluto. Por esta razón, debe observarse lo siguiente:

1. No producir mas que la cantidad especificada en el kanban.
2. Producir en la secuencia en la que se reciben los kanbanes.

Solo mediante la cuidadosa observancia de estas directrices operacionales la tercera regla funcionará adecuadamente.

Una tercera consideración es que observando las reglas segunda y tercera, el proceso total de producción puede funcionar al unísono, casi como un transportador lineal. Puede lograr la simultaneidad en la producción.

Todos conocemos cómo la introducción de las líneas de transportadores ha contribuido a la estandarización de las operaciones y la reducción de costes. Teniendo esto presente, podemos apreciar la significación que la simultaneidad en la producción tiene en nuestro esquema global de la producción.

Regla 4: Nivelar la producción

Con el fin de cumplir la tercera regla, producir solo en la cantidad exacta retirada por el proceso siguiente, es necesario que todos los procesos mantengan equipo y trabajadores de modo tal que los materiales puedan producirse en el momento necesario y en la cantidad necesaria. En este caso, si el proceso posterior viene a retirar materiales con grandes desniveles en cuanto a tiempo y cantidad, el proceso precedente requerirá equipo y personal en exceso para acomodarse a estas solicitudes. El resultado final es que cuanto antes se sitúe el proceso dentro de la cadena de producción, mayor será la necesidad de exceso de capacidad.

No es necesario resaltar, que esto es algo absolutamente intolerable. Con todo, si el proceso precedente no tiene capacidad alguna en exceso, no podrá asumir los requerimientos del proceso siguiente sin recurrir a producir por anticipado materiales cuando tenga tiempo disponible. Esta es una violación clara de la tercera regla; y, por supuesto, no podemos permitir ninguna violación de las reglas.

Aquí es donde entra en juego la cuarta regla, que insiste en la nivelación (equilibrado) de la carga de producción. Como hemos examinado anteriormente, el sistema de nivelación de cargas es el verdadero fundamento del sistema Toyota.

Regla 5: El kanban es un medio para el ajuste fino

Se ha descrito una de las funciones del kanban como un mecanismo de dirección automática que contiene información para los trabajadores concerniente a su orden de trabajo.

Por tanto, cuando se adopta el sistema kanban, podemos omitir los cuadros de planes de trabajo y transporte que normalmente se entregan a los lugares de trabajo. Para los trabajadores, el kanban es la fuente de información para producción y transporte. Como los trabajadores deben confiar en el kanban para hacer su trabajo, el sistema de nivelación de la producción resulta extremadamente importante.

¿Qué clase de problemas pueden surgir si no hay sistema de nivelación de cargas de la producción?

Asumamos que una cierta pieza de metal estampada requiere cuatro horas para producirla, desde el momento en que se instala el troquel hasta el momento en que se ha terminado la estampación y se entrega la pieza al proceso siguiente. Asumamos, además, que el kanban de esta pieza particular se organiza de modo que cuando el stock de la pieza estampada cae por debajo de cinco horas, se da instrucción para comenzar el proceso de estampado.

Sin embargo, el proceso siguiente ha incrementado su producción en un 100 por cien, y el stock que se supone debe durar cinco horas se habrá retirado por el proceso siguiente en dos horas y media. Ahora, el proceso de estampación no tendrá piezas disponibles durante una hora y media (4 horas - 2 horas, 30 minutos = 1 hora, 30 minutos).

¿Significa esto que el proceso en cuestión debe crear un stock que dure al menos 10 horas, que es el doble de lo normal? La respuesta es no; cuando la cantidad de producción es normal, el proceso cargará con un exceso de stock. Sin embargo, en el sistema no se permite especular sobre si el proceso siguiente puede retirar mas la próxima vez. Ni se permite al proceso siguiente acudir al precedente y pedir, «Por favor, ¿pueden empezar su próximo lote un poco antes?» No se permite enviar mas información que la contenida en el kanban. No deseamos crear confusión en los lugares de trabajo. Al usar el sistema kanban, es importante cumplir el principio de nivelación de las cargas de producción.

Por favor, revise este ejemplo para captar su mensaje completo. Como demuestra, el kanban puede solamente responder a las necesidades de ajustes finos, pero no a cambios de gran volumen. El pleno potencial del kanban se obtiene cuando se usa efectivamente para el ajuste fino.

Regla 6: Estabilizar y racionalizar el proceso

La cuarta regla, que requiere nivelar las cargas de la producción, es efectiva para garantizar un adecuado suministro para el proceso siguiente y, al mismo tiempo, para cumplir el objetivo de producir materiales del modo mas barato posible. Observando esta regla, no podemos olvidar la regla sexta, que requiere que el proceso se estabilice y racionalice.

Al estudiar la primera regla, rehusar enviar productos defectuosos al proceso siguiente, hemos aprendido la importancia de la automatización con tacto humano. Si ampliamos el significado de *defectuoso* mas allá de las piezas defectuosas para incluir el trabajo defectuoso, entonces resulta fácil entender la sexta regla. Se produce trabajo defectuoso por que no hay suficientes estandarización y racionalización del trabajo. Cuando en los métodos de trabajo hay despilfarro, irracionalidad y desigualdades (*muda*, *mura* y *muri*), el resultado es la producción de piezas defectuosas. Sin resolver este tema, no hay garantía de que el proceso siguiente tenga un aprovisionamiento adecuado, o que los costes de producción sean lo bajos que pueden ser. Las actividades de estandarización y racionalización del proceso son claves para una implantación eficiente de la automatización. El sistema de nivelación de las cargas de producción requiere esta clase de apoyo para ser verdaderamente efectivo.

Para observar estas seis reglas es necesario gran cantidad de esfuerzo. Si el sistema kanban se introduce sin ellas, no puede funcionar con efectividad. Si reconoce la utilidad del kanban, debe prepararse para observar todas las reglas a pesar de su dificultad. Este es el único camino para alcanzar una verdadera reducción de costes en su empresa.

Circulación del kanban

A continuación, siguen algunos pasos concretos para la circulación del kanban.

Una línea de subensamble produce los productos denominados A, B, C y D. Las piezas necesarias para montar estos productos se denominan *a*, *b*, *c* y *d*. La línea de subensamble y las de procesos están separadas. Hay tres líneas de proceso, de las cuales una produce las piezas *a* y *b*. Esto se ilustra en la figura 20.

Unas pocas piezas *a* y *b*, fabricadas en la línea de proceso 1, están almacenadas detrás de la línea con el kanban de esa línea adherido a cada pieza.

La línea de subensamble monta el producto A. Acude a la línea de proceso 1 a retirar la pieza *a*, y con esta finalidad debe coger el kanban de subensamble (denominado *kanban de extracción*).

Acude al almacenaje **a**, extrae contenedores en la cantidad requerida y retira los kanbanes (denominados *kanbanes de proceso o kanbanes órdenes de producción*) que están adheridos a los contenedores. Entonces adhiere los kanbanes de extracción que llevó al ir a retirar piezas a los contenedores que retira.

En ese momento, en el almacenaje **a** de la línea de proceso 1, hay tantos kanbanes de proceso separados de contenedores como contenedores extraídos por la línea de subensamble (proceso siguiente). Todo lo que tiene que hacer la línea de proceso 1 es contar el número de kanbanes de proceso despegados de contenedor, y producir la cantidad exacta retirada reemplazando esas piezas en el almacenaje **a**.

De este modo, todos los procesos están conectados por el kanban como si constituyesen una gran cadena.

Ahora, supongamos que surge un problema, y la pieza *a* no está disponible en el almacenaje **a**.

En tal caso, el proceso siguiente simplemente mantiene en sus manos el kanban de extracción (en este caso, un kanban del subensamble) que le permite retirar piezas de la línea 1. En tal coyuntura, la línea de proceso 1 interrumpirá todos sus otros trabajos y se dedicará plenamente a fabricar la pieza *a* en la que se ha observado una ruptura del stock. Tan pronto como se producen estas piezas, se entregan al proceso siguiente

Area de almacenaje

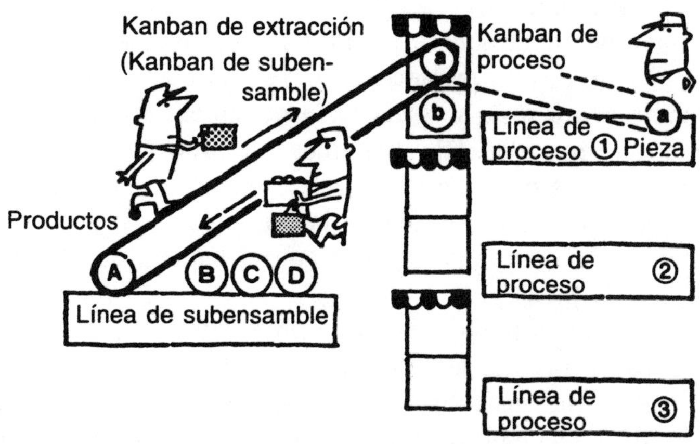

Figura 20. Cómo circula el kanban

El escarabajo de agua

¿Conoce un insecto denominado escarabajo de agua? Se desliza sobre la superficie del agua y repentinamente cambia de dirección. Se mueve con gran viveza. Esto es algo similar al escarabajo de agua que ronda por la fábrica de Toyota.

Con el sistema kanban, en el que el proceso posterior debe retirar las piezas que necesita, resulta necesario el frecuente transporte de piezas. Nuestro escarabajo particular es un pequeño tren que transporta las piezas colocadas en carros de arrastre, cada uno de los cuales con el tamaño de una bandeja de comida.

La extracción o retirada por el proceso posterior significa que se han dado instrucciones al proceso precedente para producir esos elementos que se retiran y transportan. Por tanto, la persona que transporta no es meramente un transportador, sino un difusor de información. Por tanto, el transporte no documentado no se permite. Los números de los kanbanes deben corresponderse exactamente con las cantidades y tipos de elementos transportados. También en este proceso está en función el nivelado de cargas.

La persona que hace el transporte es el trabajador involucrado en la tarea de subensamble en el proceso siguiente. Tan pronto como se da la orden de la siguiente ronda de subensamble, acude a recoger los materiales necesarios y comienza su trabajo.

En el ejemplo anterior sobre la línea de subensamble y las líneas de proceso, hemos simplificado la discusión examinando solamente la relación entre el producto A y la pieza *a*. Sin embargo, en realidad la línea de subensamble debe acudir a diferentes procesos a extraer las piezas necesarias para el producto A y colocarlas en carros de arrastre mezcladas todas juntas.

El área de almacenaje denominada almacén

Denominamos al lugar donde colocamos las cosas *almacén*. Como puede haber oido alguna vez, nuestro sistema «just-in-time» se denomina a veces sistema supermercado. Denominamos almacén a esas áreas por que son el lugar donde esperan las cosas a que acudan los clientes a recogerlas (el proceso siguiente).

Una de las reglas del sistema kanban es que ningún elemento defectuoso puede enviarse al proceso siguiente. Esto es similar a la resolución del propietario de un almacén de no vender a su cliente un producto defectuoso.

El espacio asignado a cada uno de estos almacenes es el que necesitan, puesto que el flujo de la mayoría de componentes y piezas se conoce a través del sistema de nivelado de cargas de producción. Por ejemplo, para los chasis el espacio de almacenaje es para cinco unidades, y para los faros diez unidades. Esto es todo lo que se necesita.

Cuando están instalados los almacenes y solo unas pocas unidades se colocan en cada uno, es fácil observar el lugar de trabajo. Podemos implantar efectivamente el control visual.

Si hay demasiadas cosas en cada almacén, esto puede significar que se ha elevado la capacidad en exceso. Si cada almacén está prácticamente vacío, significa que cada uno está sobreocupado. Todo esto resulta claro para cualquiera de una ojeada.

El almacén se define claramente mediante una línea roja o por una estantería al mismo tiempo divisora de espacios. No se permite almacenar nada mas allá de estos límites. De este modo, se dificultan la producción o el progreso excesivos.

Sistema de trabajo completo

El sistema kanban nos ha dado la oportunidad de facilitar frecuentes directrices en la rutina diaria, al mismo tiempo que habilidad para evitar el flujo de demasiada información. Después de todo, el propósito primordial del sistema kanban es restringir la sobreproducción (como venimos diciendo, «no producir mas que lo que se haya retirado»).

Pero en los procesos automáticos de mecanizado, ocasionalmente hay problemas.

Se supone que cada una de las máquinas produce de acuerdo con su propia capacidad. Pero no hay dos máquinas iguales. Pueden crearse desequilibrios entre máquinas; algunas máquinas pueden producir mas, o puede haber una avería en el proceso posterior. Pero las máquinas del proceso precedente continúan produciendo sin considerar lo que ocurre en el proceso siguiente.

¿Qué medidas pueden tomar las empresas para que no suceda esto si los trabajadores no permanecen a pié de máquina automática supervisándola? ¿Cómo podemos hacer para que las máquinas sepan producir solamente la cantidad requerida para el proceso siguiente? Para lograr esto, hemos inventado el auto-denominado *sistema de trabajo completo*.

Incluso aunque el proceso siguiente tenga «demasiado para comer y no pueda admitir mas (trabajo completo)», el proceso precedente puede continuar produciendo. Para evitar esto, hemos instalado sensores de contacto que impiden a las máquinas del proceso precedente continuar produciendo. La acción de estos sensores es automática.

Por ejemplo, el stock estándar en mano se establece para cierta máquina en cinco unidades. Si hay solo tres unidades, el proceso precedente empieza automáticamente a procesar y continúa hasta que la cantidad llega a cinco unidades. Una vez que

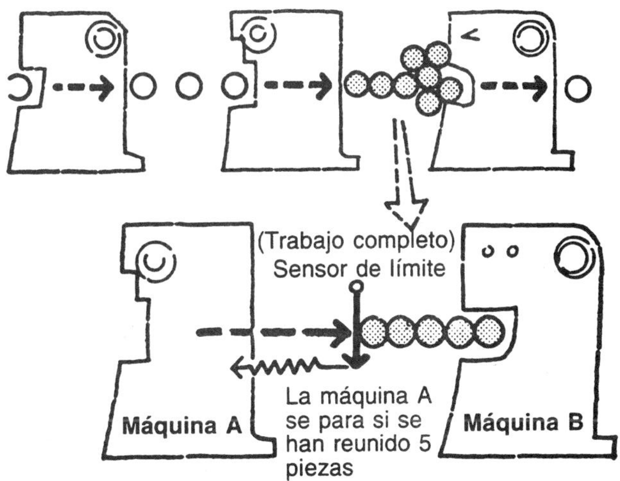

Figura 21. Sistema de trabajo completo

se alcanza esta cantidad predeterminada, el proceso precedente para automáticamente una y otra vez. Por tanto, no puede existir proceso excedente o innecesario.

Esto funciona del mismo modo en el proceso posterior. Si el stock estándar en mano para el proceso siguiente se establece en cuatro unidades, y está por debajo de esto, el proceso empieza inmediatamente a procesar y envía el producto acabado al proceso siguiente. Una vez que el proceso que le sigue dispone de la cantidad requerida de stock, el proceso que nos ocupa para su trabajo.

Todos los procesos están interconectados de esta forma para asegurar que cada uno tiene la cantidad exacta de stock estándar en mano. Como se muestra en la figura 21, se evitan los despilfarros de los excesos de procesamiento.

Cuando los procesos no están tan estrechamente conectados y cada uno de ellos tiene trabajadores, el kanban realiza la función de sensor de contacto o de límite. Como este sistema de trabajo completo realiza la función del kanban en los procesos plenamente automáticos, a veces se le denomina *kanban eléctrico*.

Usos en áreas inesperadas

Para evitar desequilibrios en la rotación, se instalan balancines de compensación en un árbol portahélice. Hay cinco tipos de balancines. Seleccionamos los apropiados dependiendo del grado de desequilibrio desarrollado por el árbol. Por supuesto, si no hay desequilibrio, no se requiere ningún balancín de compensación. Pero en ocasiones, deben instalarse varias piezas. El uso de estos balancines compensadores varía grandemente y es irregular. Al contrario que la mayoría de las demás piezas, cuyas cantidades se conocen a través del plan de producción, no puede predecirse la cantidad a usar de los balancines compensadores.

Con piezas como éstas, a menos de que el control sea adecuado, por un lado puede presentarse la demanda de una pieza especial, y por el otro, piezas no utilizadas acumulándose en el almacenaje. Por tanto, los planes de arranque y transporte deben revisarse con frecuencia. El resultado es que nos encontramos con serias dificultades y despilfarro y desequilibrios en todos los procesos relacionados con los balancines, tanto en su producción como en el transporte y uso. De hecho, a pesar de todos nuestros esfuerzos, llegamos a pensar que en el caso de piezas como éstas, no podíamos hacer nada. Esto es, hasta que introdujimos el sistema kanban.

Para controlar todos los procesos, empezamos teniendo siempre la información exacta concerniente a las piezas (los cinco tipos de balancines de compensación) en almacenaje. A continuación, para no crear emergencias de necesidades o un aprovisionamiento en exceso, hacemos que nuestros procedimientos de arranque y transporte reflejen las condiciones actuales de los almacenajes (los puntos de almacenaje intermedios), e introducimos el sistema kanban para ayudarnos en este proceso.

Como resultado, hemos podido resolver todos los problemas y mantenemos la información exacta concerniente a las piezas. En otras palabras:

- Adhiriendo un kanban al elemento, siempre puede reconocerse con precisión.
- Con el kanban haciendo rondas entre procesos, los procedimientos de arranque y transporte pueden realizarse en todo momento en la secuencia correcta.
- El resultado de esto ha sido que podemos mantener las cantidades requeridas para los cinco tipos de balancines a un nivel constante, lo que nos ha permitido reducir significativamente las cantidades en almacenaje.

Este es un ejemplo importante. A menudo, se dice que el kanban puede usarse solamente para controlar las piezas que se usan cada día en una base constante. Es verdad que en las reglas que gobiernan el sistema kanban, algunas de las condiciones importantes incluyen la estabilización y nivelación de la producción. Pero esto no significa que el kanban no pueda usarse sin estabilidad en la cantidad de piezas extraidas.

El kanban no debe considerarse meramente como una herramienta de control para piezas o comúnmente compartidas o universalmente usadas en las que las cantidades de uso sean aproximadamente constantes. Es también efectivo en el control de piezas especializadas que no se usan constantemente, que a primera vista pueden parecer poco receptivas para el control con kanban.

Generalmente, en la producción de piezas cuya cantidad de uso es irregular o no estable, es importante recordar que no puede haber retrasos en el lanzamiento de información. Como, para empezar, con las cantidades inconstantes e irregulares, la distorsión existente empeora aún mas si la información se retrasa, para resolver este problema, es esencial que el kanban circule frecuentemente.

En contraste con las piezas cuyas cantidades de producción son estables, las que tienen cantidades irregulares o inconstantes requieren a veces tener a mano mas materiales o piezas de lo admisible en otro caso. Este es un hecho reconocido.

Incluso mas importante que eliminar un retraso en la transmisión de información es eliminar el retraso en el proceso y acortar el plazo de fabricación entero. Ya hemos examinado los periodos de fabricación en el Capítulo 2, de modo que no añadiremos nada mas sobre el tema aquí.

Menor número de kanbanes

En la implantación del sistema kanban, hay que tener cuidado de no poner en juego un número excesivo de kanbanes. En otras palabras, cuantos menos kanbanes, mejor.

Una de las funciones del kanban es transmitir información al proceso precedente indicando lo que necesita el proceso corriente. Si hay demasiados kanbanes, la información pierde precisión. Por ejemplo, en un proceso de subensamble son necesarias muchas piezas, pero si hay demasiados kanbanes de piezas, es mas difícil conocer qué pieza se necesita en cada momento.

Hemos examinado una y otra vez la importancia del kanban, como herramienta que controla y mejora el lugar de trabajo. Reducir el número de kanbanes tiene el efecto de restringir en la medida de lo posible el número de arranques dentro del proceso. De este modo, los problemas existentes pueden hacerse aparentes — una útil función del kanban. Pero si hay demasiadas tarjetas kanban, pueden ocultar los problemas. ¿Cuál es entonces el uso del kanban, si simplemente lo utilizamos para adherirlo y despegarlo de piezas y materiales?

Dicho simplemente, cuanto menor sea el número de kanbanes, mejor. Con menos tarjetas kanban, aumenta su sensibilidad. Esté precavido contra la propensión a poner en juego demasiados kanbanes. Es un camino marcado con el fallo.

Use su pensamiento con discreción. Hay muchos modos con los que el kanban puede elevar el nivel de eficiencia de su planta. A menudo, decimos que el nivel de una planta dada se conoce por su uso del kanban.

Hasta aquí, hemos explicado el pensamiento básico y el contenido del sistema kanban. Sin embargo, en lo que concierne al sistema kanban, a menos de que realmente se haya experimentado con él, no podrá verdaderamente decir que comprende su esencia.

«La mejora es inacabable e infinita». Y en Toyota decimos: «El uso del kanban no debe limitarse a la preservación del status quo. La tarea asignada a las personas conectadas con el sistema kanban es usar su imaginación y esfuerzo para desarrollarlo aún mas».

6
LUGARES DE TRABAJO DETERMINADOS POR LAS OPERACIONES ESTANDARES

Tres componentes de las operaciones estándares

Las operaciones estándares sirven varias funciones útiles. Por ejemplo, los trabajadores pueden apoyarse en ellas para elevar la productividad, los mandos intermedios pueden usarlas como base para gestionar su proceso y los grupos de actividades de mejora pueden usarlas como fundamento. En las operaciones estándares es necesario combinar personas y cosas del modo mas efectivo posible, teniendo en cuenta las condiciones requeridas para mejorar la productividad. En· el sistema de Toyota, este proceso de combinación de personas y cosas se denomina *combinación de trabajo*. El agregado de todas las combinaciones de trabajo constituye las operaciones estándares.

Hay tres componentes en las operaciones estándares. Estos son:

- Tiempo de ciclo.
- Procedimiento de trabajo (secuencia de trabajo).
- Stock estándar en mano.

Las operaciones estándares no pueden existir sin cualquiera de estos tres componentes.

Una de las características del sistema de Toyota es que es el supervisor o jefe de equipo quien determina las operaciones estándares. En la mayoría de las empresas, tales operaciones estándares las determina un ingeniero o técnico quien, aunque es una parte externa respecto al proceso de trabajo, es presumiblemente una persona versada en las técnicas de ingeniería industrial.

Los estándares son exactamente los que determina el supervisor, quien además instruye a sus trabajadores para su cumplimiento. Debe ser capaz de demostrar a sus trabajadores que los estándares pueden cumplirse a una velocidad apropiada. La velocidad debe ser también apropiada para un observador imparcial.

El supervisor o jefe de grupo o de equipo conoce bien el proceso en el que es responsable. Cuando determina las operaciones estándares, naturalmente espera que él mismo y sus trabajadores sean capaces de cumplirlos. En la determinación de los estándares, debe estar deseoso de asumir el papel de un profesor para sus trabajadores como aprendices. Debe investigar con todo detalle las condiciones que perjudiquen a las operaciones estándares, para erradicarlas o mejorarlas.

Este planteamiento puede parecer poco científico. Pero los supervisores, mandos de pequeños grupos y mandos intermedios en general, son personas con un historial de logros y conocimientos directos. Pueden determinar los estándares con confianza. Creemos que es un método sano.

Una vez establecidas, las operaciones estándares no deben dejarse solidificar y permanecer de forma complaciente. Los estándares son entes vivos que nunca se completan. Incluyen la tarea de rehacerse continuamente. El supervisor que los determina y los trabajadores que los cumplen deben ser siempre conscientes de la necesidad de mejorarlos. Basándose en esta necesidad, se revisan una y otra vez.

Si la hoja de operaciones estándares permanece intocada durante largo tiempo, esto es una prueba positiva de la incompetencia del supervisor.

Cómo determinar el tiempo de ciclo

Con el término *tiempo de ciclo* nos referimos al intervalo de tiempo (minutos y segundos) necesario para producir una unidad o pieza de producto. Las magnitudes básicas para el cálculo del tiempo de ciclo son la cantidad de la producción y el tiempo de operación.

Primero, se divide la cantidad requerida en el mes por el número de días de operación, obteniéndose la cantidad requerida por día. A continuación, el tiempo de ciclo se obtiene dividiendo el tiempo de operación diario por la cantidad requerida por día en unidades.

$$\text{Cantidad requerida por día} = \frac{\text{Cantidad requerida en el mes}}{\text{Número de días de operación}}$$

$$\text{Tiempo de ciclo} = \frac{\text{Tiempo diario de operación}}{\text{Cantidad requerida por día (unidades)}}$$

Una vez determinado el tiempo de ciclo, se determina la cantidad de trabajo de cada operario de modo que pueda hacer su trabajo dentro de la restricción del tiempo de ciclo. No se asignan tolerancias para necesidades marginales, como se hace a menudo en los estudios de operaciones.

El supervisor determina también la velocidad, grado de cualificación y otras condiciones que se requieran. Cuando un nuevo empleado adquiere la competencia suficiente para hacer su trabajo a la misma velocidad que su supervisor, se convierte en un miembro de pleno derecho del grupo.

Cuando el tiempo de ciclo se determina de esta forma, emergen de modo natural diferencias individuales, dependiendo del trabajador. Y como no se permite ningún margen de tolerancia, se descubre inmediatamente el despilfarro. Esto se conecta directamente a la mejora. Si cierto trabajo se separa ligeramente del tiempo de ciclo, el grupo o persona pueden esforzarse en corregirlo para ajustar la operación al tiempo de ciclo. Este es el comienzo de la mejora.

Procedimiento de trabajo (secuencia de trabajo)

El término *procedimiento de trabajo* denota el orden en el que se realiza el trabajo, siguiendo la secuencia del tiempo. Por ejemplo, cuando un trabajador tiene que procesar, debe transportar los materiales, montar las piezas en las máquinas, observar cómo las máquinas convierten los materiales en producto conforme fluye el tiempo, y retirar los productos de las máquinas. Con el término señalado no nos referimos al orden que registra el flujo de productos.

Si el procedimiento de trabajo no es claro, cada trabajador puede realizar su tarea del modo que guste. E incluso la misma persona puede realizar la misma tarea de modo diferente cada vez.

Si el procedimiento de trabajo no se sigue correctamente, uno puede olvidar poner en marcha un determinado proceso, mientras otro puede instalar en la máquina una pieza o material erróneo y enviar una pieza equivocada al proceso siguiente. Las máquinas pueden romperse, y la línea de ensamble pararse. En el peor escenario posible, puede producirse un automóvil destinado a ser objeto de una seria reclamación. El procedimiento de trabajo debe definir cada cosa minuciosa y cuantitativamente. Cada cosa debe expresarse en términos concretos. Esto ayudará al encargado a evitar el despilfarro, los desequilibrios y la irracionalidad cuando determine las operaciones estándares. Por ejemplo, deben especificarse claramente cómo se moverán ambas manos, donde colocar ambos piés y la naturaleza general del trabajo. Los trabajadores deben ser capaces de comprender el procedimiento, y este debe estandarizarse. Debe ser claramente discernible la intención de la persona que establece el procedimiento de trabajo, como si dijera, «Este es el modo con el que deseo que haga su trabajo». Si el procedimiento se entiende de modo cabal, los trabajadores podrán ponerlo en práctica con confianza para hacer productos de alta calidad, rápidamente y con seguridad.

Stock estándar en mano

El término *stock en mano* denota a las piezas y materiales que son esenciales para arrancar el trabajo dentro del proceso. Incluye las piezas y materiales ya montados en las máquinas.

Los cambios cuantitativos en el stock de mano se producen bien por los cambios en la disposición en planta de las máquinas o por la forma en que se determina el procedimiento de trabajo. El factor de control en la determinación del stock en mano es simplemente que el trabajo no pueda progresar sin tantas o cuantas piezas o materiales en mano.

Si la disposición en planta de las máquinas no varía y las operaciones siguen el orden establecido para los procesos de semiacabado, no hay necesidad de tener stock estándar en mano entre procesos, excepto en lo que se refiere a los que están instalados en cada momento en las máquinas. Sin embargo, si la operación tiene que progresar en el orden inverso de los procesos*, entonces se requiere adicionalmente una pieza de stock en mano entre cada dos procesos (o dos piezas, si se tienen que instalar dos piezas en cada máquina).

El stock estándar en mano debe incrementarse para satisfacer una de las siguientes condiciones: cuando sean necesarias piezas adicionales para realizar chequeos de calidad; cuando la temperatura debe bajar cierto número de grados antes de que pueda comenzar la siguiente operación; y cuando tenga que limpiarse la máquina para eliminar el aceite.

Se puede caer en la confusión de pensar que las operaciones estándares y los estándares de trabajo son lo mismo, pero no lo son. El término *estándares de trabajo* denota los estándares que son necesarios para ejecutar las operaciones estándares. Por ejemplo, en el tratamiento térmico, en función de la calidad y consistencia del material, deben establecerse estándares para el grado de calor, tiempo y refrigerante.

Y en los procesos de mecanizado, deben establecerse estándares para cuchillas o brocas referentes a los siguientes aspectos: forma, configuración, calidad del material, tamaño, condiciones de corte, aceite de corte, etc. Al establecerse estos estándares, se tienen también en cuenta las condiciones económicas de las operaciones necesarias para producir una calidad adecuada.

Una vez determinadas, las operaciones estándares se colocan, en un formato de *boletín de operaciones estándares*, en algún sitio fácil de ver en cada lugar de trabajo. El boletín es una guía para nuevos trabajadores. Para ios veteranos que pueden no nece-

---

* Con el término «orden inverso», los autores se refieren al orden de circulación del kanban, de un proceso al anterior. (N. d. e.)

sitar tal guía, el boletín sirve como mecanismo recordatorio en unos casos y en otros como medio restrictivo que impide alterar (salvo para mejorar) el estándar de trabajo. Cuando el trabajo se realiza siguiendo las operaciones estándares, pero con todo se encuentra alguna inconsistencia, este descubrimiento puede servir como punto de arranque para la mejora. El siguiente paso es emitir nuevas guías de operaciones estándares.

Para supervisores y directivos, los boletines y guías de operaciones estándares muestran de una ojeada si los trabajadores están haciendo correctamente su trabajo, o si algunos puntos de boletines y guías requieren revisión.

En las páginas siguientes se reproducen algunos formatos estándares que se usan en diversas fábricas de Toyota. Los impresos pueden variar ligeramente de una a otra fábrica, pero comparten características básicas. Si adopta estos impresos para usarlos en su propia planta, simplemente seleccione los que se ajusten mejor a su finalidad.

Métodos para determinar las operaciones estándares

1. Tabla de capacidad de producción de piezas

Para determinar las operaciones estándares, anote primero la capacidad de producción para cada pieza en la tabla de capacidad de producción de piezas. Esto debe hacerse para cada proceso.

Debe registrarse en la tabla lo siguiente: secuencia del trabajo, nombre del proceso, número de máquina, tiempos básicos, tiempo para intercambio de herramienta, capacidad de producción (unidades).

Esta tabla es importante, por que en la determinación de las operaciones estándares, es la base para establecer la rutina de trabajo. Se ofrece un ejemplo de tabla.

Jefe de sección	Encargado	Tabla de capacidad de producción de piezas		Pieza nº	43202 - 36022	Tipo	RU	JU	HU	Nombre del grupo	Nombre trabajador
				Nombre de pieza		Nº de unids.	2	2	2		

Secuencia de trabajo	Proceso	Número de máquina	Tiempo básico			Cambio herramienta		Capacidad de producción (960')	Notas	operaciones manuales ——— / proceso de máquina — —
			Tiempo de operación manual (min. seg.)	Tiempo proceso máquina (min. seg.)	Tiempo de ejecución (min. seg.)	Cambio de unidad	Tiempo de cambio			
1	Empujar y ajustar ambos centros	CE-239	08	1 10	1 18	140	1'00"	630	Centrado de broca	
2	Diámetro exterior, cepillado basto	LA-1306	08	1 27	1 35	10	30"	530	Punta de broca (en alimentación)	
						20	30"		Punta de broca (en alimentación)	
						80	30"		Punta de broca (diámetro exterior)	
3	Diámetro exterior, cepillado de semiacabado	LA-1307	08	1 24	1 32	10	30"	548	Punta de broca (en alimentación)	
						20	30"		Punta de broca (en alimentación)	
4	Diámetro exterior, cepillado de acabado	LA-1101	10	1 32	1 42	40	30"	488	Punta de broca (en alimentación)	
						20	30"		Punta de broca (en alimentación)	
2-1	Rectificado diámetro exterior 30 Ø	GR-120	(15)	(2 21)	(2 30)	1.500	70'00"	680	$9'''$ $6''$ $2'21''$	
2-2	Rectificado diámetro exterior 30 Ø	GR-121	(12)	(2 21)	(2 27)	1.500	70'00"		$6''$ $6''$ $2'21''$	
	(Dos bancos de máquinas para el mismo proceso)		4						Tiempo de operac. manual p. unidad $\left(\frac{15''+12''}{2}=13.5'' \to 14''\right)$	
3	Escariado (dos unidades)	BM-131	(09)	(43)	(52)	700	5'00"	1.937		
	(Dos unidades o mas procésanse al mismo tiempo)		05		26				Tiempo de operación manual por unidad $\left(\frac{9''}{2}=4.5'' \to 5''\right)$	
4	Medición 30 Ø (1/5)		(20)							
	(Medir una unidad cada cinco unidades)		04						Tiempo de operación manual por unidad $\left(\frac{20''}{2}=4''\right)$	
	Total									

Figura 22. Tabla de capacidad de producción de piezas

2. Hoja de rutina de operaciones estándares

Después de haber anotado la capacidad de producción para cada pieza en la tabla anterior, se obtiene el tiempo de ciclo a partir de la cantidad requerida por día y las horas de operación. A continuación, se determina la secuencia con la que trabajará cada operario dentro del marco de tiempo definido. Si se trata de un caso simple, la secuencia de trabajo puede derivarse directamente de la tabla de capacidad de producción de pieza. Si es un caso mas complejo, puede no conocerse si la máquina ha completado ya su proceso automático mientras aún se está preparando la secuencia de trabajo.

La *hoja de rutina de operaciones estándares* es una herramienta diseñada para mostrar el paso del tiempo de una ojeada en la determinación de la secuencia de trabajo. Contiene información sobre la secuencia de trabajo, el contenido del trabajo y los tiempos de operación (horas de trabajo).

La columna para anotar los tiempos de operación se gradúa en segundos. Normalmente, una hoja es adecuada para tratar operaciones que duran hasta dos minutos (en algunos casos, hasta tres minutos). Cuando los tiempos de operación exceden de dos minutos, o cuando hay diferentes tipos de operación, pueden añadirse líneas horizontales y verticales para que una hoja cubra toda la información requerida.

El supervisor debe verificar la hoja de rutina de operaciones estándares haciendo el trabajo él mismo. Debe cerciorarse de que puede hacerse un buen trabajo en la secuencia prevista y dentro del tiempo de ciclo.

Una vez que comprueba que el trabajo puede hacerse bien siguiendo la rutina de operaciones estándares, debe enseñar las operaciones a sus trabajadores hasta que las entiendan plenamente.

3. Indicadores de operación

Este documento se entrega a los trabajadores; les muestra lo que tienen que consultar cuando trabajen en una operación específica. La secuencia de trabajo se determina y anota para cada una de las siguientes operaciones: operación de la máquina, cambio de herramientas de corte, cambio y montaje de útiles, proceso de piezas y subensamble.

El contenido del trabajo se anota de acuerdo con la secuencia de trabajo, y se explican los puntos mas críticos de la tarea. Para facilitar la comprensión, se da información detallada junto con un dibujo de cada elemento. Se evitan las expresiones abstractas. La descripción es concreta, y se especifica claramente la cantidad de cada elemento.

4. Manual de instrucciones de trabajo y boletín de operaciones estándares

El *manual de instrucciones de trabajo* sirve como instrumento para facilitar instrucciones sobre la forma de realizar las operaciones estándares con precisión.

Este manual se redacta basándose en la tabla de capacidad de producción de piezas y la hoja de rutina de operaciones estándares. Describe los contenidos de trabajo para cada persona, consistentes con las características de producción de la línea, y explica áreas críticas de calidad y seguridad en el orden de la secuencia de trabajo. Facilita ilustraciones para la colocación de máquina y persona en la secuencia de trabajo. Describe también el tiempo de ciclo, la secuencia de trabajo, el stock estándar en mano y los métodos para verificar la calidad. La preparación del manual debe ser cuidadosa de forma que se asegure que, si los trabajadores siguen las directrices dadas en el documento, pueden trabajar con seguridad, velocidad y calidad.

En el manual de instrucciones de trabajo, el plano de colocación de la máquina normalmente se incluye en una hoja de papel separada, de tamaño de 12x16½ pulgadas, a la que se añaden columnas para la secuencia de trabajo, stock estándar en mano, tiempo de ciclo, tiempo neto de operación, y chequeos de seguridad y calidad. La hoja completa se coloca en un estuche que se muestra en lugares adecuados de las líneas de proceso y subensamble. Denominamos a esta hoja *boletín de operaciones estándares*.

Pieza nº Nombre de pieza	4320 ½—36022	Hoja de operaciones estándares nº 1		Fecha de fabricación	5 feb. 75	Cantidad requerida diaria	255	Operación manual ————
Proceso	Proceso mecanizado articulación dirección			Grupo de trabajadores		480 minutos/cantidad requerida (tiempo de ciclo)	1 minuto 53 segundos	Proceso en máquina – – – – Desplaz. ～～～

Secuencia de trabajo		Operaciones	Tiempos		Tiempos de operaciones (unidad:segundo)
			Manual	Máquina	
1		Retirar materiales en bruto del palet	01"	—	
2	CE-239	Retirar y montar trabajo, arrancar la máquina	08"	1'10"	
3	LA-1306	Retirar y montar trabajo, arrancar la máquina	08"	1'27"	
4	LA-1307	Retirar y montar trabajo, arrancar la máquina	08"	1'24"	
5	LA-1101	Retirar y montar trabajo, arrancar la máquina	10"	1'32"	
6	DR-1544	Retirar y montar trabajo, arrancar la máquina	07"	34"	
7	SP-101		07"	1'02"	
8	MM-122		04"	—	
9	HP-657		10"	17"	
10	BR-410	Retirar y montar trabajo, arrancar la máquina y lavar	13"	54"	
11		Montar la boquilla, poner en palet el trabajo acabado	15"	—	

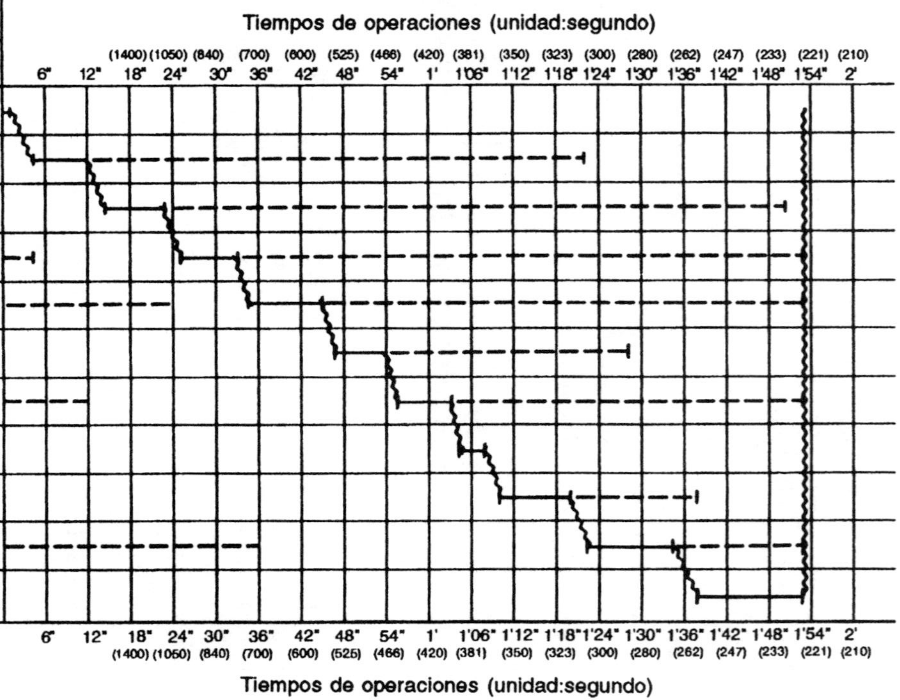

Figura 23. Hoja de rutina de operaciones estándares nº 1

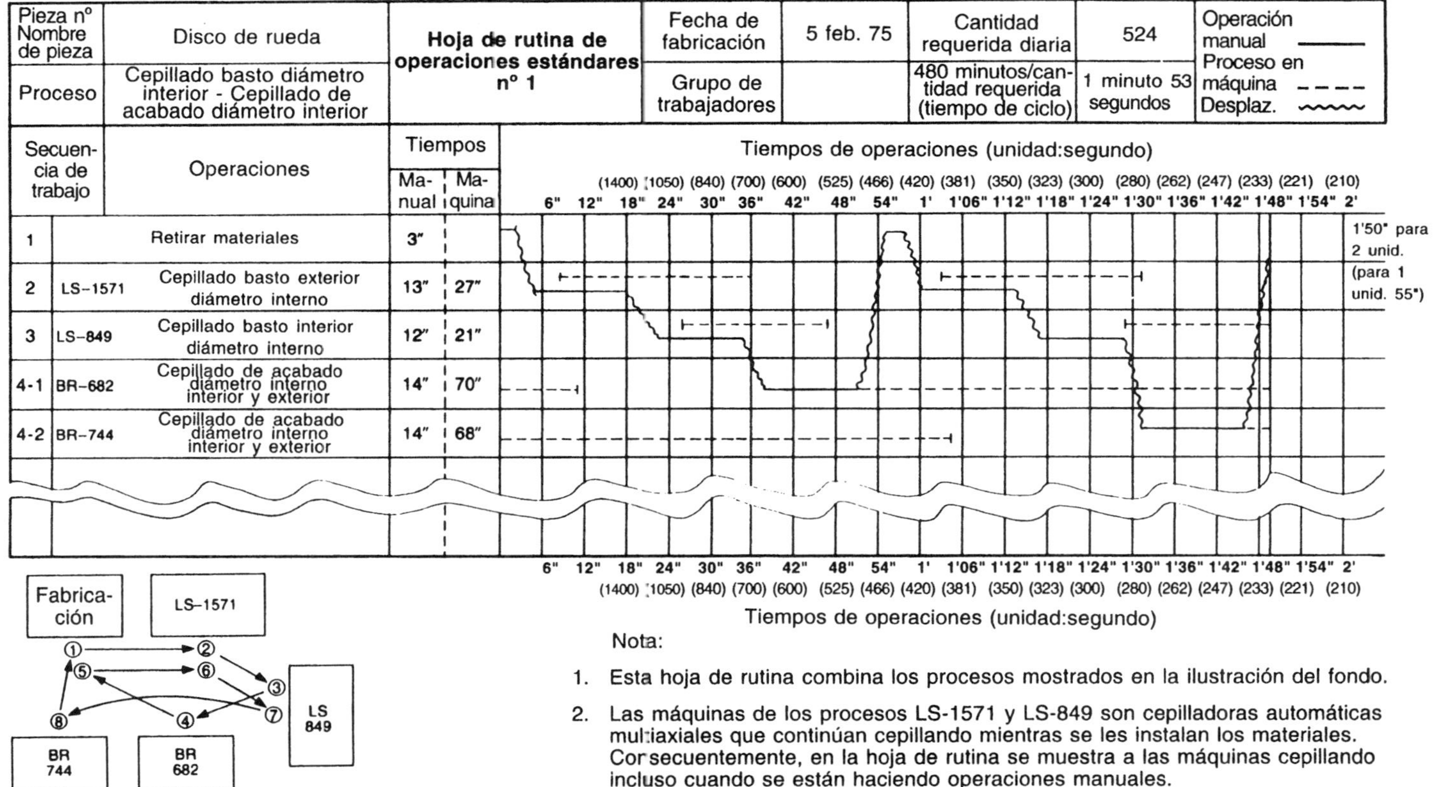

Nota:

1. Esta hoja de rutina combina los procesos mostrados en la ilustración del fondo.

2. Las máquinas de los procesos LS-1571 y LS-849 son cepilladoras automáticas multiaxiales que continúan cepillando mientras se les instalan los materiales. Consecuentemente, en la hoja de rutina se muestra a las máquinas cepillando incluso cuando se están haciendo operaciones manuales.

Figura 24. Ejemplo de máquinas que continúan cepillando mientras se instalan materiales

Jefe sección	Encargado	Líder de grupo	Indicadores de operación para cambios de herramienta de corte	Nombre de línea	Proceso de corona engranaje tipo RS		Nombre del grupo	Nombre del trabajador
				Secuencia del trabajo	4	Máquina n° LS-494		
				Nombre del proceso	Achaflanado, semiacabado diámetro interno			

N°	Contenido del trabajo	Areas críticas (derecha e izquierda, seguridad y facilidad de operación)	Plano
1.	Agarrar fuerte la pastilla y aflojar perno	Mientras usa la mano izquierda para sostener montaje de pastilla	Llave de 4 mm. tipo L
		Con llave 4 mm. tipo L	
2.	Retirar la pastilla		
3.	Limpiar lados de pastilla y casquillo rozados en el montaje		
4.	Montar nueva pastilla de corte	Introducción completa	
5.	Apretar perno para asegurar montaje de pastilla	Mientras se sostiene fuertemente la pastilla	
6.	Repetir el mismo proceso para (B)	El diámetro interior del semiacabado (c)	
		Medidas meta: 107,56-58 (3) tope 107,66-68 (9) tope	
		Achaflanado de (D) 45° x 2,8c (después de completar temple y rectificado, 2,5c)	
		Profundidad de esquina (E) (achaflanado diámetro interno) de 1,8 - 1,9 mm.	
		Usar dial para hacer ajuste del diámetro interno	
		Permitir que el casquillo se mueva ligeramente	
		Cambio de pastilla (A) 240 piezas (B) 240 piezas	Areas de corte

Figura 25. Indicadores de operación para cambio de herramientas de corte

Los boletines de operaciones estándares indican a los trabajadores lo que los supervisores esperan de ellos en su trabajo.

El supervisor tiene muchos subordinados, y es difícil recordar el trabajo que ha asignado a cada persona en su sección. Sin embargo, puede confirmar si cada uno de sus trabajadores está haciendo un trabajo adecuado simplemente revisando los boletines de operaciones estándares. Puede también investigar las operaciones estándares para determinar si pueden encontrarse defectos y despilfarro adicional.

A través de estos boletines, los directivos pueden evaluar la capacidad de sus supervisores y supervisar el trabajo de trabajadores individuales. Cuando ocurre un error, los directivos, que no siempre están en la escena del mismo, pueden usar el boletín para identificar el error. Como herramienta de control visual, el boletín es muy útil.

Combinación de trabajo

Previamente, hemos señalado que las operaciones estándares son el agregado de todas las combinaciones entre personas, cosas y máquinas diseñadas para promover el sistema mas efectivo de producción. Aquí trataremos de la combinación en sí misma.

Para crear una atmósfera favorable para el trabajo en equipo, la combinación de trabajo no debe establecer para cada trabajador un área de actividad fija y separada. Deben solaparse las áreas de responsabilidad de los trabajadores adyacentes, de modo que sea mas fácil promover la cooperación entre unos y otros trabajadores.

Si el área de trabajo de un operario es fija, la persona que trabaje mas rápidamente progresará con mayor velocidad, produciendo muchos mas artículos que los que trabajan mas lento. Con esto, puede disfrutar de mas tiempo descansando, mientras los mas lentos intentan ponerse al nivel del trabajador mas rápido, y envían productos defectuosos al proceso siguiente. En esta situación, normalmente la cantidad de output de la línea la determina el ritmo del trabajador mas lento.

Para evitar que suceda esto, debe determinarse que el área de responsabilidad de cada trabajador se solape con las de los otros,

Revisado 5 feb. 1975 | Página___de___páginas

Jefe sección	Encargado	Líder de grupo	Manual de instrucciones de trabajo	Pieza nº	4320½ — 86022	Cantidad requerida	448 unid. c/día	Nombre del grupo	Nombre del trabajador
				Nombre de pieza	Rótula dirección	Número de clasificación	1/3		

	Contenidos del trabajo		Calidad: Chequeo	Calidad: Calibre	Areas críticas (correcto y erróneo, seguridad y facilidad en operación)	Tiempo de operación neto: Min.	Tiempo de operación neto: Seg.
1	Retirar materiales				Con la mano derecha		03"
2	CE-239	Desmontar, montar y arrancar máquina	1/50	Visual	Si el centro es poco profundo, es peligroso para los procesos LA, DR siguientes		11"
3	LA-1306	Desmontar, montar y arrancar máquina			Ambos centros deben unirse con seguridad		11"
4	LA-1307	Desmontar, montar y arrancar máquina			Ambos centros deben unirse con seguridad		10"
5	LA-1101	Desmontar, montar y arrancar máquina	1/1	C	22,5 + 0,25 + 0,20 33,1 + 0,25 + 0,20 Retirar desechos con grúa		12"
6	DR-1544	Desmontar, montar y arrancar máquina		Visual	Asegurar penetración desde lado inverso		09"
7	SP-101	Desmontar, montar y arrancar máquina			Limpiar desechos de lados de unión M-22, P-1.5		09"
8	MM-122	Desmontar, montar y arrancar máquina					05"
9	HP-657	Desmontar, montar y arrancar máquina			El casquillo penetra en el orificio de la parte superior donde se corta un círculo a la cámara de aceite		12"
10	BR-410	Desmontar, montar y arrancar máquina	1/10		Deben limpiarse los lados de unión		
			1/10	PS	Brillo superior al 80%		15"
			1/10	LF	+ 0,25 - 0		
12	Limpiar máquina, retirar, montar y arrancar						
12	Montar el racor				Apretar con llave de impacto		
13	Estampar nº de serie, desmontar, montar y arrancar máquina		1/1	Visual	No es aceptable estampación a medias		17"
14	Estante de productos acabados						
					Tiempo total	1"	54"

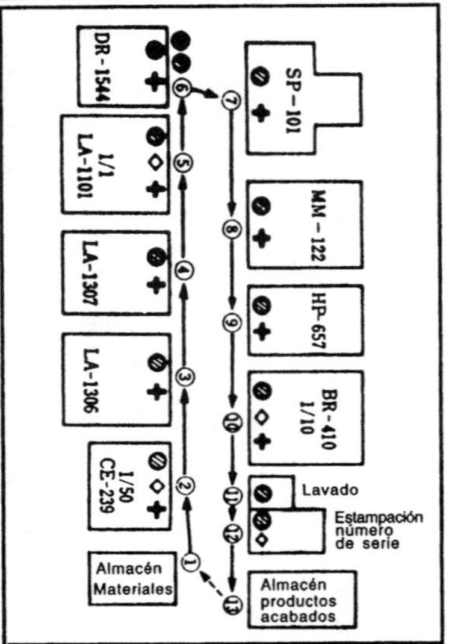

Tiempo de ciclo	1'53"
Stock estándar en mano	13 piezas
Tiempo neto de operación	1'53"

● Stock estándar en mano
✚ precaución seguridad
◇ Chequeo de calidad

Figura 26. Manual de instrucciones de trabajo: proceso

Revisado 5 feb. 1975 — Página___ de___ páginas

Jefe sección	Encargado	Líder de grupo	Manual de Instrucciones de trabajo	Pieza nº	45200 — ★ ★ ★ ★ ★	Cantidad requerida	600 unid. c/día	Nombre del grupo	Nombre del Trabajador
				Nombre de pieza	Ensamble columna dirección	Número de clasificación	2/3		

	Contenido del trabajo	Calidad		Areas críticas (operación correcta o incorrecta, seguridad, facilidad)	Tiempo neto de operación	
		Chequeo	Calibre		Min.	Seg
1	Montar caja de velocidades en plantilla de ensamble			Empujar en horizontal		03"
2	Colocar placa de brida en la parte del rodillo selector e instalar éste en caja de velocidades			Instalar mientras se gira el árbol de transmisión con el rodillo selector en medio		15"
3	Montar la placa sector			Apretar perno par de torsión 600-700 kg/cm		33"
	Instalar tornillo de tope					
4	Montar el tornillo de tope			Después de apretado, girar 1/3 a 1/4 para bloquear		15"
5	Colocar camisa envolvente y apretar perno de anclaje			Apretar perno par de torsión 600-700 kg/cm		12"
6	Separar y colocar en transportador de rodillos					04"
	Tiempo total				1"	22"

Tiempo de ciclo	1' 24"
Stock estándar en mano	2 piezas
Stock estándar en mano	
Precaución seguridad	
Chequeo de calidad	
Tiempo neto de operación	1' 22"

Figura 27. Manual de instrucciones de trabajo: sub-ensamble

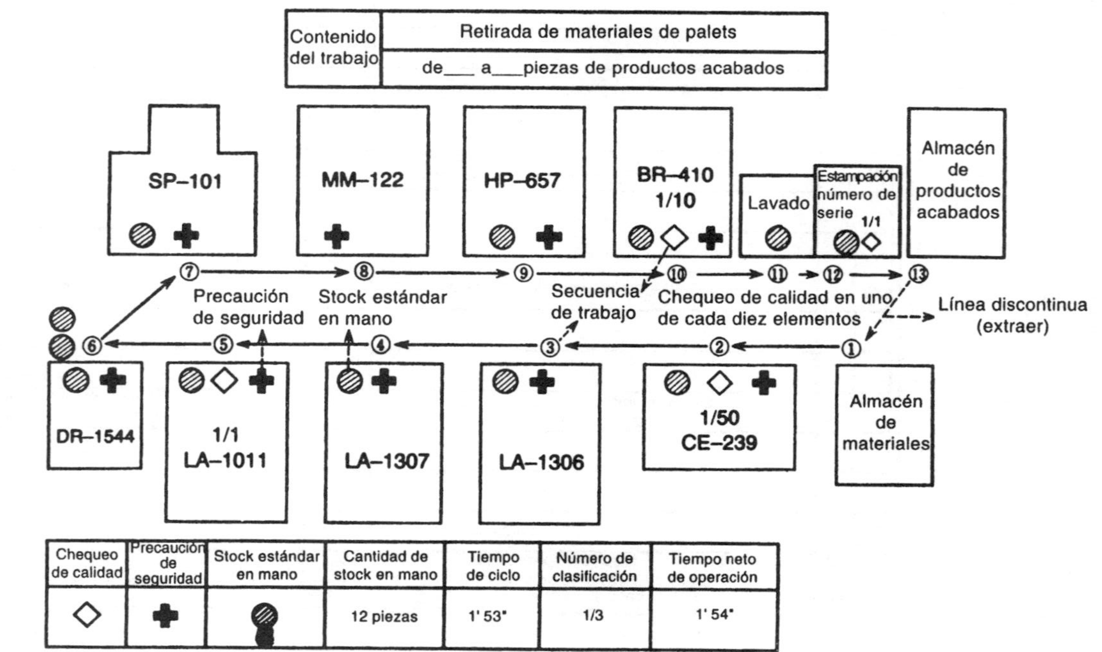

Figura 28. Boletín de operaciones estándares

y debe facilitarse compartir el trabajo. No debe realizarse como una carrera de relevos en una piscina, sino como una carrera de relevos en una pista atlética.

Para hacer el trabajo mas fácil, debe acortarse la distancia entre los trabajadores (y entre sus máquinas), facilitando que se comuniquen entre sí. En una combinación de colocación de máquinas, hay que evitar una disposición que solo tenga en cuenta la capacidad de un trabajador para manejar una máquina.

El trabajo en equipo no puede ser efectivo si las máquinas circundan a los trabajadores, como las jaulas confinan a los animales en un zoo. Ni una persona puede funcionar fluidamente si se le trata como a un pájaro en una pajarera.

Cuando se han determinado áreas de trabajo que se solapan, la ausencia momentánea de un trabajador puede cubrirse por los dos trabajadores adyacentes (uno de cada lado). En algunos casos, pueden incluso cubrirse las ausencias de un día entero. La cantidad de output por hora puede decrecer, pero el supervisor puede ampliar las horas de trabajo para obtener la cantidad requerida. Este método es especialmente efectivo en una línea de ensamble que requiera una cantidad sustancial de tareas manuales.

IDEAS DE OHNO

Ayuda mutua (trabajo similar a las carreras de relevos)

En una carrera de relevos en piscina, los nadadores, sean lentos o rápidos, deben recorrer cada uno de ellos la misma distancia. Sin embargo, en las carreras de relevos de las pistas atléticas, el corredor más rápido puede hacer algo mas de recorrido que el corredor mas lento en la zona de paso del testigo.

Nuestro trabajo en la línea es similar a este último caso. los supervisores deben crear zonas de paso de testigo en sus líneas para elevar la eficiencia de esas líneas.

> ### Islas separadas
>
> *Situar a los trabajadores aquí y allí implica que difícilmente pueden ayudarse entre sí. En la disposición de los trabajadores y la asignación de trabajos, hay que asegurar colocarlos de modo que puedan ayudarse y combinar su trabajo. Esto puede conducir también a una reducción en nuestros requerimientos de mano de obra.*
>
> ### Trabajo que fluye y trabajo que flota
>
> *El proceso avanza hacia adelante y las cosas fluyen. Esto es lo que denominamos el «flujo del trabajo». Si se usa una cinta transportadora para transportar cosas, y no se hace ninguna mejora adicional, entonces el trabajo solamente «flota», no «fluye». El trabajo que flota crea muchas islas separadas y no nos permite usar nuestro tiempo y recursos efectivamente.*

Eficiencia global y balance entre trabajadores

Es importante producir exactamente lo que indica el tiempo de ciclo, y nada mas. Si un trabajador se preocupa solamente de obtener un alto rendimiento individual, puede crear un gran stock de cosas delante del trabajador del proceso posterior. Crea tensiones entre colegas y añade a la compañía la carga de tener que ocupar a alguien en la manipulación de su exceso de productos. En cuanto a la línea en su conjunto, la eficiencia declina.

Generalmente, donde hay ciero número de trabajadores alternándose en el trabajo o trabajando en serie, siempre hay un proceso que crea un cuello de botella, y es este el que determina la capacidad de la línea. Si el trabajador responsable del cuello de botella puede recibir ayuda, el cuello de botella desaparecerá. Pero en realidad, los trabajadores que trabajan mas rápido no desean ayudar a sus colegas. En vez de ello, continúan produciendo mas y creando pilas de elementos delante del proceso cuello de botella. La eficiencia global sufre con esto un grave quebranto.

Para evitar esto, el supervisor debe insistir a sus trabajadores que observen el stock en mano, los tiempos de ciclo y la secuencia de trabajo tal como los determinan las operaciones estándares. Cuando con esto se crean tiempos de desocupación, puede reorganizar su grupo y restaurar el balance.

Cuando se intentan equilibrar las cargas de tarea entre trabajadores, no es fácil encontrar una solución perfecta. En la mayoría de las líneas, especialmente cuando son relativamente pequeñas con pocos trabajadores, un pequeño desequilibrio parece estar presente todas las veces.

En tal caso, si la persona que ha terminado su trabajo ayuda a los que son mas lentos que él, se elevará el nivel de eficiencia de la línea en su conjunto. Cuando se hagan asignaciones de trabajo, es bueno tener presente que las fronteras entre tareas deben perfilarse de modo tal que se haga factible la ayuda mutua.

Hay empresas que ponen un gran énfasis en la habilidad de sus trabajadores individuales. Con todo, resulta que sus fábricas no muestran buenos registros de rendimiento. No son hábiles para resolver los desequilibrios entre trabajadores. Si sus excelentes trabajadores crean una montaña de stocks innecesarios, en vez de conseguir una reducción de costes, consiguen un aumento de costes.

Desafortunadamente, son comunes errores como éstos. Suceden por que las empresas no se aplican firmemente al tema de los desequilibrios en el flujo de la producción; de algún modo, perciben erróneamente la productividad asociada solamente a la velocidad de ejecución de cada trabajador individual.

El rendimiento de cada trabajador individual y el de la línea en su conjunto tienen un efecto significativo en el cuadro de costes de la empresa. Pero la prioridad debe asignarse a elevar el rendimiento de la fábrica en su conjunto. Lo primero no vale por sí solo sin lo segundo.

Cómo implantar las operaciones estándares

Los supervisores deben convencer a sus trabajadores de la importancia del cumplimiento estricto de las operaciones estándares.

Por muy buenas que sean las operaciones estándares, si no se observan no puede haber estabilidad en los procesos. Cuando no se observan los estándares, los supervisores deben tomar medidas para evitar defectos y accidentes. De lo contrario, son probables toda clase de despilfarros.

Con el fin de que los trabajadores comprendan y observen las operaciones estándares, el supervisor mismo debe adquirir maestría en su uso. Debe ser capaz de explicarles su importancia, y mostrarles ejemplos concretos de los resultados de la no observancia. Algunas charlas amistosas de vez en cuando son útiles para promover en los trabajadores el deseo de alcanzar la excelencia y de asumir responsabilidad por la calidad. Cuando no se observan las operaciones estándares, el supervisor debe investigar la razón, y corregir si es preciso los estándares de modo que puedan seguirse fácilmente por cada uno.

El supervisor debe chequear los resultados de la ejecución de las operaciones estándares. Si se producen anormalidades, debe investigarlas cuidadosamente para determinar la causa, y tomar medidas correctivas adecuadas. Si se comprueba que los estándares mismos son deficientes, es su responsabilidad corregirlos e informar a todos los afectados sobre las razones de su acción y los contenidos de los ajustes realizados.

Es importante que el supervisor adopte la actitud de pensar y actuar basándose en hechos. Debe rondar constantemente por las áreas de trabajo para verificar si los trabajadores observan las operaciones estándares. Debe conocer las condiciones presentes en el lugar de trabajo y ser capaz de guiar directamente a los trabajadores sobre la forma en que debe realizarse su trabajo.

Las operaciones estándares son la madre de las mejoras. Nunca podemos decir que las operaciones estándares que tenemos ahora son las mejores, y que no hay margen para mejoras adicionales. Las operaciones estándares son el resultado de una mejora detrás de otra, y no tienen naturaleza estática o incambiable. Considere en cualquier momento que en los presentes estándares hay despilfarros, y empiece inmediatamente a hacer mejoras.

El mundo no permanece estático. Se crean nuevos métodos continuamente. Por tanto, si las tendencias se siguen fácilmente, una es precisamente mantener el estatus vigente. Un lugar de trabajo que tiene un conjunto de operaciones estándares que no cambia nunca es, hablando relativamente, un lugar que está experimentando una regresión, mientras está satisfecho con su status quo. Piensa que realmente no hay ningún problema, y que todas las mejoras ya se han alcanzado. Un supervisor de mente amplia debe rescatar a su empresa de este letargo, y corregir y mejorar continuamente sus operaciones estándares.

Cambios en la combinación de trabajo

La tecnología se renueva sin cesar, y la tecnología de fabricación de Toyota no es una excepción. Lo que los observadores pueden ver en nuestros talleres de mecanizado y estampación actuales tiene una relación muy lejana con lo que fueron en otra época en lo referente a la disposición de las máquinas, el modo con el que manejamos las cosas y nuestras combinaciones de trabajo.

Actualmente, tenemos a mano un número mínimo de piezas y todo fluye regular y fluidamente hasta la línea de montaje final. Esto ha resultado posible por que distribuimos nuestras máquinas de modo que siguen la secuencia de procesos para piezas diferentes, que nos hemos adaptado plenamente a nuestro sistema kanban de pensamiento y hemos agregado una mejora tras otra en nuestras combinaciones de trabajo.

Veamos brevemente cuáles eran las condiciones existentes en nuestros talleres de mecanizado en los primeros días de la compañía.

- Cada máquina se colocaba independientemente. En cada una de las máquinas siempre había un trabajador, y a veces dos.
- Mientras la máquina estuviese mecanizando, el trabajador permanecía a su lado «observándola».
- Las piezas se colocaban en el suelo o en un contenedor. El área de almacenaje estaba distante de las máquinas, y a veces las piezas se situaban en un lugar de difícil acceso.
- Los transportadores de rodillos se usaban meramente como otra área de almacenaje, con las piezas apilándose encima.

- La superficie de trabajo de cada máquina difería de las de las otras. Algunas tenían la mesa de trabajo mas elevada, y otras mas baja, sin ninguna pauta definida.
- Un inspector inspeccionaba las piezas y componentes acabados, que se colocaban en un almacén de productos terminados antes de expedirlos a la línea de montaje.
- Si la cantidad de productos terminados a mano era bajo, se consideraba que los trabajadores habían estado desocupados. La noción comúnmente aceptada era que cuanto mayor fuese el stock de productos terminados, mejor.

Las condiciones anteriores estaban vigentes en nuestra fábrica y en todas las demás. A continuación, revisaremos los pasos que adoptamos para cambiar el modo de hacer las cosas. El examen se centra en las prácticas de distribución en planta de las máquinas.

1. Colocación individual — Una persona, una máquina

Esta es la forma mas simple de colocación. En cada máquina se sitúa un trabajador. El trabajador monta en la máquina una pieza a procesar y la hace arrancar. Mientras la máquina mecanizaba, o bien permanecía quieto observando su funcionamento (en la expectativa de que se produjese una disfunción) o usaba una escobilla engrasadora para aceitarla o retiraba las virutas.

Esto creaba el despilfarro asociado al tiempo en espera. Cuando la máquina estaba cortando, era la máquina la que trabajaba, no el trabajador.

En aquellos días, el tiempo invertido por el trabajador esperando a que la máquina terminase su trabajo se medía como parte del tiempo estándar, y como tal estaba incluido en el tiempo de proceso de la pieza.

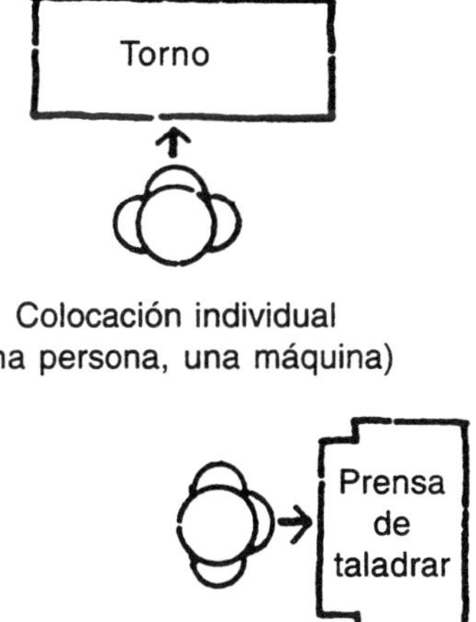

Figura 29. Un trabajador, una máquina

2. Colocación por tipo de máquina — Un trabajador, dos máquinas

La colocación individual examinada en el párrafo anterior tenía gran cantidad de despilfarro de tiempo en espera y en otras áreas. Para eliminar algo de ese despilfarro, pensamos que podríamos asignar otra máquina al mismo trabajador, de modo que pudiese montar y retirar piezas en esta segunda mientras la primera estuviese cortando metal. Colocamos dos máquinas bien ambas en paralelo o en forma de L, facilitando así que un trabajador manejase dos máquinas (esto se hizo alrededor de 1946-47).

Este método representaba una mejora considerable respecto al sistema anterior. Sin embargo, cuando a un trabajador se le hacía responsable de dos máquinas, siempre tenía que estar preocupado del grado de avance del proceso y su terminación en la otra máquina cuando se ocupaba de cualquiera de ellas, y no podía concentrarase en lo que estaba haciendo. Con este sistema, no podía proceder con confianza a la siguiente fase de su trabajo.

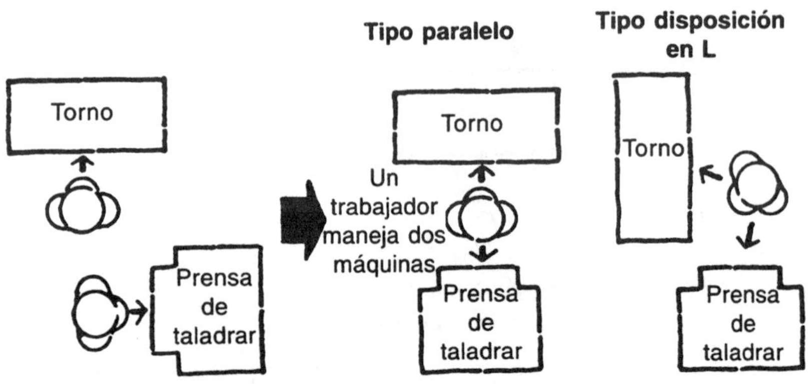

Figura 30. Un trabajador, dos máquinas

La siguiente mejora tuvo en cuenta esta falta de confianza del trabajador cuando pasaba a la siguiente fase de su actividad mientras la otra máquina estaba cortando metal.

Instalamos un mecanismo automático que impedía que una pieza se enviase a la siguiente máquina si la operación de corte en la primera máquina alcanzaba un cierto punto. Hicimos también que las máquinas parasen automáticamente. Las virutas se empezaron a retirar por una pequeña grúa, y se instalaron mecanismos para suministrar aceite al proceso de corte sin que un trabajador tuviese que suministrarlo manualmente. Se hizo un estudio para estandarizar las herramientas de corte (las formas de taladros, brocas y cuchillas, y los modos de corte). De este modo, los trabajadores podían moverse con confianza.

Si después de manejar dos máquinas, aún tuviese tiempo libre el trabajador, este podría manejar tres máquinas, que se disponían en la forma de una U o un triángulo (figura 31). Mejor aún, se colocaban cuatro máquinas en una disposición de cuadrado o en forma de diamante, con solo un trabajador asistiendo a las cuatro (esto se hizo alrededor de 1949-1950).

Determinando que un trabajador asistiese a varias máquinas del mismo tipo, pudimos elevar nuestra producción per cápita. Sin embargo, había una tendencia a crear solo artículos parcialmente terminados. Después de pasar por un torno o una taladradora, los

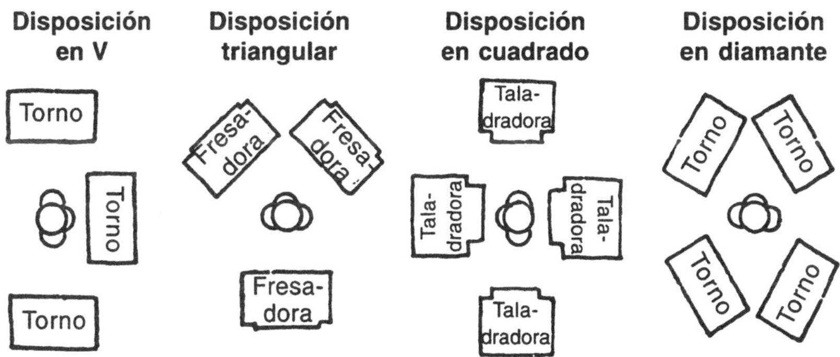

Figura 31. Un trabajador, tres o cuatro máquinas

artículos parcialmente terminados se acumulaban dentro del proceso y se apilaban. Asimismo, como las piezas no podían enviarse al proceso siguiente, se necesitaba un largo tiempo para que terminasen como productos acabados. Para resolver este problema, las máquinas se colocaron en el orden de la secuencia del proceso.

3. Colocación según secuencia del proceso

Observando la continua sobreproducción de piezas y componentes semiprocesados y el incremento en la necesidad de transportar piezas, descubrimos que la colocación por tipo de máquina no era el arreglo mas eficiente o deseable.

Nuestros objetivos de mejora eran restringir la sobreproducción de artículos semiprocesados, para transportar las piezas en el número mas pequeño posible y convertirlas en productos acabados al momento.

Distribuimos en planta las máquinas en el orden de procesamiento de las piezas, p. ej., un torno, una fresadora automática y una perforadora. En otras palabras, cambiamos gradualmente desde una colocación por tipo de máquina a una colocación en secuencia de proceso (figura 32).

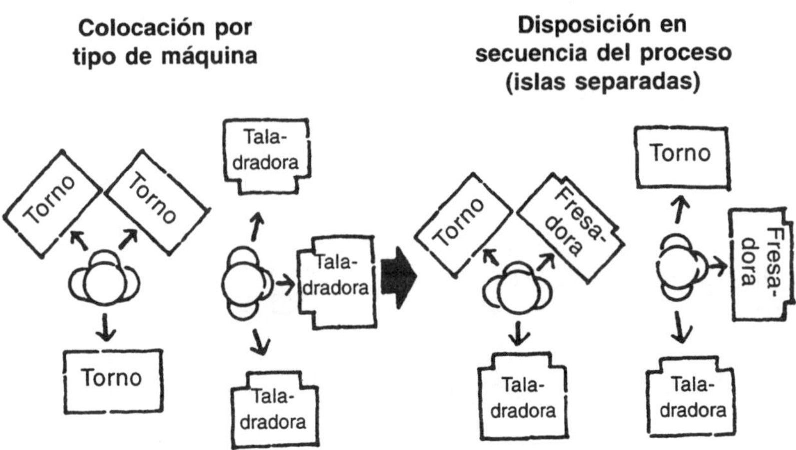

Figura 32. Disposición por tipo de máquina o secuencia del proceso

No fue difícil comprobar que la colocación por secuencia de proceso reducía a un mínimo la distancia que tenía que recorrer un trabajador y que facilitaba que un trabajador manejase varias máquinas adecuadamente. Sin embargo, cuando se contemplaba esto desde la perspectiva global de la línea, el método creaba varias «islas separadas». No era fácil mantener un equilibrio global. Como resultado, en cada proceso, los artículos se apilaban. No podíamos colocar los trabajadores de acuerdo con los cambios que se hacían necesarios por el cambio en el número y tipo de los coches a producir.

En esos días, se realizaban frecuentemente estudios de movimientos, y las máquinas se colocaban de modo que los trabajadores pudiesen permanecer estacionarios o con movimientos mínimos. Se consideraba entonces deseable que el trabajo se realizase con un mínimo de movimientos, y los desplazamientos se consideraban menos que deseables. Este planteamiento percibía la productividad meramente como la eficiencia del trabajo de cada trabajador individual. Su fallo era no tener en cuenta la eficiencia de la sincronización y del método de la línea en su conjunto.

4. Comienzo del sistema de producción en flujo regular

Para hacer que los artículos fluyan de modo regular y fluido, elevar la productividad y hacer que los trabajadores se conciencien de que los desplazamientos son también parte de su trabajo, alrededor de 1960 empezamos a colocar las máquinas en línea recta, liberando a los trabajadores de los encierros que hemos descrito (figura 33). Este nuevo sistema tenía la ventaja de permitir que los trabajadores se desplazasen mientras trabajaban y manejar cierto número de máquinas.

Pero surgían problemas. Al principio, colocamos las máquinas en una línea recta e hicimos de cada grupo de estas máquinas una línea de producción independiente. Cuando asignábamos trabajadores, basándonos en el número de automóviles a producir, a menudo nos resultaba que teníamos que asignar una fracción de persona a cada una de estas líneas. Como no podíamos asignar una fracción de persona, el resultado era que teníamos que asignar una persona. A pesar de los buenos intentos del grupo de la

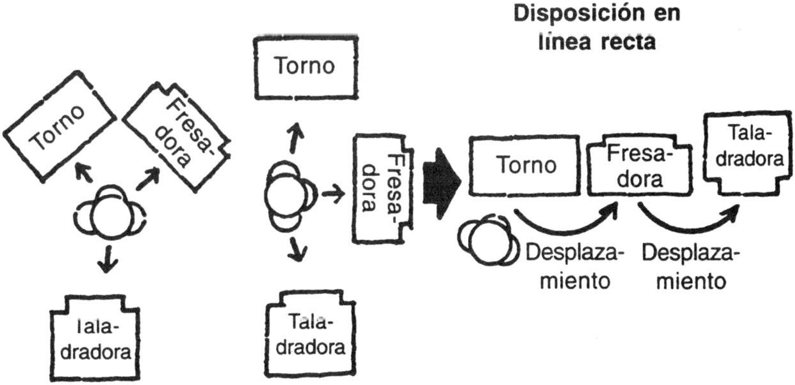

Figura 33. Disposición en línea recta

línea afectada por esa situación, la tendencia era la de producir en exceso a consecuencia del pequeño exceso de dotación de personal.

Nuestra solución fue combinar cierto número de líneas «independientes», y facilitar que esas líneas combinadas absorbiesen plenamente una persona. Hemos sido así capaces de hacer asignaciones de personal basándonos en los cambios del número de automóviles a producir. Seguimos aún con este tipo de combinación de trabajo y ahora podemos producir solamente lo que se necesita.

7
ACTIVIDADES DE MEJORA PARA LA REDUCCION DE LAS HORAS-HOMBRE

Conocer bien las áreas de trabajo

La tarea de comprometerse en las actividades de reducción de las horas-hombre resulta mucho más fácil cuando el personal involucrado conoce bien las condiciones internas de los lugares de trabajo. Con el reconocimiento del despilfarro en las operaciones, los sistemas de control visual facilitan ver el despilfarro bien sea en los tiempos en vacío o espera, en el stock situado a mano, o en la existencia de sobreproducción que puede evitarse mediante el uso del kanban. Las actividades de reducción de las horas-hombre pueden adoptar las siguientes modalidades:

- Eliminar el despilfarro
- Redistribuir el trabajo
- Reducir la dotación de personal

Por tanto, cualquier actividad de reducción de horas-hombre debe empezar por el análisis de las condiciones existentes en el lugar de trabajo referentes a sus operaciones. Sin embargo, algunas personas pueden argumentar que el sistema corriente de hacer las cosas es razonablemente bueno. Argumentan que puesto que la tasa de operación de la línea es satisfactoria, y que la tasa de defectos está contenida dentro de límites aceptables, la línea en su conjunto se comporta bien. De modo, que se complacen en la situación y cortan de raíz cualquier voluntad de trabajar en la mejora.

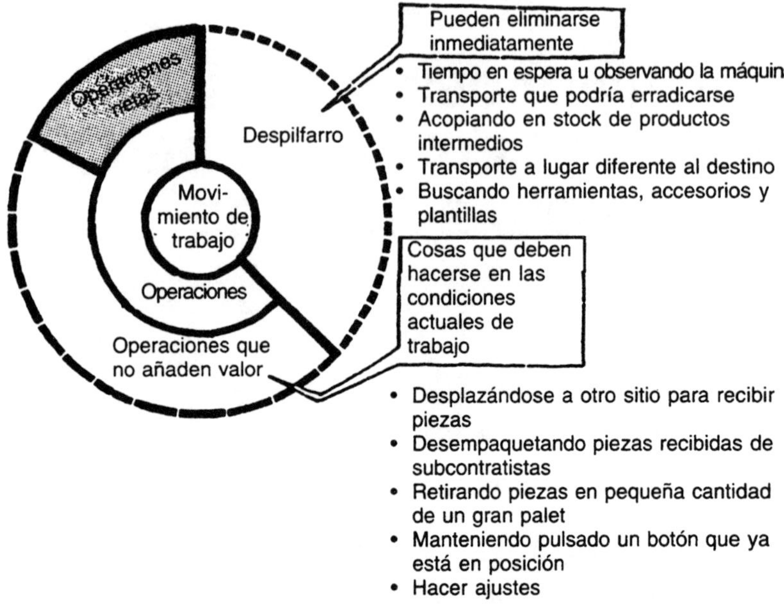

Figura 34. Actividades de reducción de horas-hombre

Los lugares de trabajo piensan a menudo del modo descrito. Si los observamos de cerca, sus operaciones pueden clasificarse en las categorías que presentamos en la figura 34. Se describen a continuación ejemplos de cada una de esas categorías.

***Despilfarro* (muda)** : Son las operaciones que son innecesarias para el trabajo y que pueden eliminarse inmediatamente.

Ejemplos: tiempo en espera u observando la máquina, transporte de cosas que podría erradicarse sin mas (acopiando stocks de productos intermedios, transporte a lugar diferente al destino, búsqueda de herramientas, plantillas y accesorios).

Operaciones que no añaden valor : Son operaciones que no añaden valor al producto, pero que en las condiciones de trabajo prevalecientes, son tareas que tienen que realizarse, (Por supuesto, deben considerarse como despilfarro). Para eliminarlas, deben cambiarse parcialmente las condiciones existentes en el lugar de trabajo.

Ejemplos: Desplazarse a otro sitio para recibir piezas, desempaquetar piezas recibidas de subcontratistas, retirar piezas en pequeñas cantidades de un gran palet, hacer ajustes, y mantener pulsado un botón que ya está en posición.

Operaciones netas que añaden valor : Son las operaciones de proceso propiamente dicho, es decir, las que añaden valor al producto (cambio de forma, cambio de la calidad o naturaleza del producto, ensamble, etc.). Son la esencia de la fabricación de piezas y productos; se incorpora trabajo a materiales y artículos semiprocesados para obtener productos acabados. Estas operaciones añaden valor; cuanto mas elevada es la proporción de operaciones que añaden valor, mas elevada es la eficiencia de las operaciones.

Ejemplos: Fundición de materiales, estampación de chapas de acero, soldadura, ensamble de componentes, templado de engranajes, pintura de la carrocería, etc.

Además, en los lugares de trabajo, hay otros movimientos además de las operaciones estándares, tales como los ajustes de máquinas y plantillas, y la rectificación de artículos defectuosos.

Cuando aplicamos estos planteamientos, descubrimos que la proporción de operaciones netas que añaden valor sobre el total de operaciones es sorprendentemente baja. Cualquier otra cosa que no sea una operación neta constituye un factor que eleva el coste.

El objetivo de nuestras actividades de reducción de horas-hombre es elevar la proporción de operaciones netas tan cerca como sea posible al 100 por cien.

Redistribución del trabajo

En lo que se refiere a las operaciones que no añaden valor, deben tomarse inmediatamente pasos para eliminarlas, si tales acciones no cuestan demasiado y no afectan al proceso precedente.

Por ejemplo, cuando los trabajadores tienen que desplazarse a alguna parte para recibir las piezas necesarias, puede eliminar-

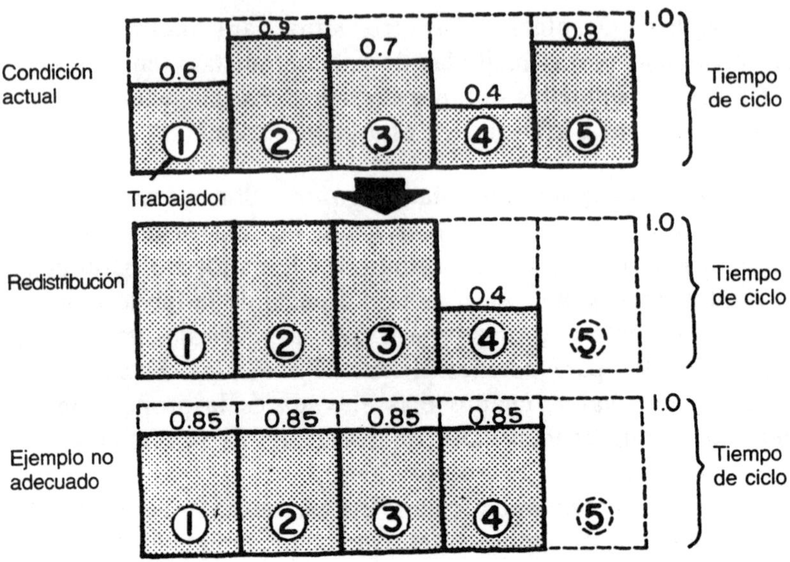

Figura 35. Redistribución del trabajo

se el tiempo gastado en los desplazamientos instalando un estante para piezas cercano a sus máquinas. Después de que la línea se ajusta con acciones como ésta, el supervisor redistribuye el trabajo de cada persona. La distribución consiste en asignar secuencialmente el trabajo que contiene operaciones netas y otras operaciones que no pueden eliminarse de momento, incluyendo todas ellas en el tiempo de ciclo.

La figura 35 muestra cómo procede esta redistribución.

Examinemos algo mas de cerca el ejemplo no apropiado (véase figura 35). El trabajador 4 tiene un exceso de capacidad no utilizada (lo que es despilfarro), no siendo recomendable distribuir ese exceso entre cuatro trabajadores como se hace en el ejemplo. Veámos porqué. Cada uno es conocedor del problema y consciente de la necesidad de resolverlo. Pero promediando el exceso de capacidad entre cuatro trabajadores, de forma que todos ellos tengan el mismo nivel de ocupación, el despilfarro queda oculto. En el ejemplo, se asigna un exceso de capacidad de 0,15 a cada uno de los cuatro trabajadores (despilfarro asociado al tiempo en espera o en vacío). Si cada uno de los cuatro trabaja bajo esta condición durante digamos diez días, cada uno de ellos creará su propio ritmo de trabajo mas lento. Cuando se anuncie la próxima medida de mejora, se producirán resentimientos, protestando que la nueva medida les asigna demasiado trabajo adicional.

Veamos ahora la otra forma de redistribuir el exceso de capacidad libre, tal como muestra la ilustración. En este caso, contabilizando el exceso de capacidad libre, y agotando de uno en uno la capacidad de cada trabajador, encontramos que el trabajo que anteriormente se hacía por cinco trabajadores, puede hacerse ahora por 3,4 trabajadores. Por supuesto, no hay cosa tal como 0,4 de persona, de modo que se necesita aquí una persona. Pero el despilfarro sigue latente y visible, de modo que se elimina un trabajador, mientras otra persona tiene una carga de trabajo de 0,4.

Después de eliminar el trabajador 5 de esta redistribución, el siguiente tema importante es tratar la naturaleza fragmentaria de la asignación de trabajo al operario 4. La próxima meta será eliminar este trabajo que requiere solamente 0,4 de persona.

¿Cómo puede eliminarse este 0,4 de persona sin dificultad? Debemos orientar nuestra atención en este tema y pensar en varias alternativas. Puede haber un plan que requiera automatizar la instalación — una alternativa costosa. O puede haber planes que estipulen que puede instalarse un canal de aprovisionamiento que reduzca el tiempo invertido desplazándose para recibir piezas, o que el tamaño del palet se reduzca de modo que las piezas necesarias se trasladen a mano.

En esta fase del empeño, no hay que seleccionar sin mas un plan que sea superlativamente ambicioso. El objetivo que permanece es eliminar el trabajo de 0,4 de persona. Es preferible adoptar un plan que sea consistente con este objetivo, y al mismo tiempo barato y fácil de implantar.

Con la terminación de estas fases de actividades de reducción de costes, el trabajo que previamente se hacía con cinco trabajadores puede eventualmente llegar a hacerse con tres, reduciendo en dos el número de trabajadores necesarios. Ahora, estudiaríamos la línea una vez mas. Si observásemos cuidadosamente, podríamos encontrar despilfarros no descubiertos previamente. Podríamos también encontrar que algunas operaciones que se habían estado tolerando, pero que realmente no añaden valor. Reuniendo toda la información necesaria, y estudiándola cuidadosamente como un nuevo desafío, podríamos llegar a eliminar una persona mas.

Esta vez, el proceso no puede seguir con la misma facilidad relativa. Cualquiera sea la alternativa seleccionada, significará un incremento sustancial del gasto. Y los planes pueden afectar a los procesos precedente y siguiente. Puede no ser juicioso implantar ninguno de ellos por ahora. Pero no hay que dar la tarea por terminada. Si se observa el lugar de trabajo cada día, conociendo el problema, un día u otro, puede surgir una idea que permita crear un plan extraordinario.

Las ventas pueden forzar un cambio en el tiempo de ciclo de cada uno de estos procesos. Puede tener que modificar todas las instalaciones por un cambio de modelo. Cuando tengan lugar estas nuevas necesidades, los planes guardados en reserva pueden tener su oportunidad.

Incluso si algo no puede implantarse de modo inmediato, no se desanime. Sea paciente atacando los problemas.

De la mejora del trabajo a la de las instalaciones

Hemos examinado hasta ahora la reducción de las horas-hombre siguiendo la secuencia: redistribución del trabajo a través de la eliminación del despilfarro, mejora de las horas-hombre invertidas mediante la redistribución de las capacidades libres agotando las capacidades de los trabajadores de uno en uno, y reestudio del conjunto de la línea. Volviendo a las categorías originales, nuestro proceso puede parafrasearse como sigue:

1. Eliminación inmediata del despilfarro.
2. Para las operaciones que no añaden valor, empezar la mejora con las que sean mas fáciles de corregir.
3. Conservar las operaciones netas (que añaden valor).

Hay algunos problemas clasificables en la categoría 2 que pueden resolverse gastando dinero. En la categoría 3, tenemos operaciones netas, pero aún es posible reducir las tareas manuales introduciendo automatización. Si hay verdadera necesidad, entonces la automatización debe implantarse inmediatamente.

En otras palabras, todos los tipos de operaciones, sean de la categoría 1, de la 2 o de la 3, son objeto de mejora; en algunos casos, puede emprenderse simultáneamente la mejora en las tres áreas, mientras en otros se hará en paralelo.

Los planes de mejora pueden dividirse aproximadamente en dos tipos. *Mejora del trabajo* denota los cambios de reglas de trabajo, la redistribución del trabajo, la designación de áreas de almacenaje y similares. *Mejora de la instalación* denota la introducción de nuevos mecanismos, la automatización del equipo y similares. De nuevo, destacamos que no hay que olvidar que hay que empezar por la mejora del trabajo, y que no debe dejarse ninguna piedra por mover en esre área particular. Solo entonces, puede comenzar la fase de mejora de las instalaciones.

Las razones son las siguientes:

1. La mejora de las instalaciones cuesta dinero. El objetivo es reducir el número de trabajadores a través de nuestras actividades de mejora. Esto puede lograrse en gran medida mediante la mejora del trabajo. Si lo primero que se hace es gastar gran cantidad de dinero en la mejora de instalaciones, el planteamiento es erróneo.

2. La mejora de la instalación no puede volverse a hacer de nuevo. Aunque en la fase de planificación se piense que cierto planteamiento es el mejor, este puede fallar. En cualquier acción, siempre está presente un elemento de ensayo, cuando no de posible error. Si fracasa un plan, en el caso de la mejora del trabajo, un determinado segmento puede modificarse sin dificultad. Pero en el caso de la mejora de las instalaciones, se despilfarra todo o gran parte del dinero invertido.

3. La mejora de las instalaciones que se emprende sin haber completado la mejora del trabajo es mas probable que falle. Las máquinas son inflexibles. El fallo es mas probable que ocurra cuando se introducen en lugares de trabajo que no han completado la mejora de sus operaciones, el trabajo no está organizado secuencialmente o no se ha estandarizado. Por ejemplo, si se automatiza una prensa de estampación de metal en un lugar de trabajo con un pobre historial en control de materiales, es posible que materiales extraños se mezclen con el material procesado, y que se rompan el útil o mecanismo automático. Para evitar que esto suceda, se asigna un trabajador para supervisar permanentemente la máquina automática. Por supuesto, en este caso, no hay reducción de horas-hombre.

Estas son las razones por las que Toyota insiste en proceder primero con la mejora del trabajo y después con la de las instalaciones.

Este planteamiento se aplica igualmente cuando se trata de la automatización con tacto humano. La automatización, una forma de mejorar la instalación, es un medio para la reducción de las horas-hombre, con el objetivo último de reducir los costes. El problema es que la automatización se convierta en un fin en sí misma, y se introduzca sin considerar el progreso de la mejora del trabajo.

Una mejora del trabajo insuficiente puede dar como resultado que una máquina automática — en la que se ha invertido una fuerte suma — produzca material defectivo dentro de un lote, que se averíe con frecuencia y tenga una tasa de operación baja, o que requiera que un trabajador supervise continuamente la máquina durante su operación. Es necesario considerar cuidadosamente estos puntos de vista antes de automatizar.

IDEAS DE OHNO

La mejora del trabajo significa descubri el mejor método de hacer las cosas dentro de la estructura de las instalaciones actuales. No consiste en pensar en nuevo equipo. Consiste en pensar sobre el modo de hacer el trabajo.

Pensamiento centrado en las personas

Un trabajador puede manejar cierto número de máquinas cuando un proceso se organiza asegurando que pueda trabajar al 100 por cien dentro del tiempo de ciclo (obtenido partiendo de la cantidad de output requerida). En este caso, es erróneo pensar una pérdida que las máquinas permanezcan paradas ahora o mas tarde. Si existe un exceso de capacidad, es mas efectivo un descenso en la tasa de operación de estas máquinas, mientras se logra el output requerido.

Fabricar mas allá de la cantidad de output requerida es crear despilfarro. Por tanto, lo mejor es centrarse en los hombres en vez de en las máquinas, organizando combinaciones de trabajo y determinando operaciones estándares. Esto puede conducir a una reducción efectiva de costes.

A menudo se piensa en las horas-hombre en vez de en el número de personas. Pero, si de hecho, se requiere 0,1 de persona, la realidad es que aún necesitamos una persona. Por tanto, reducir en 0,9 el trabajo asignado a una persona no da como resultado una reducción de costes. Esta puede llegar solo cuando se reduce el número real de personas.

Las actividades de reducción de las horas-hombre deben centrarse siempre en la reducción del número de trabajadores. Cuando se introduce un mecanismo automático, puede que ahorre un 0,9 de persona. Pero en tanto continue allí 0,1 de persona (usualmente, el trabajador que debe supervisar continuamente la máquina), es perfectamente posible que no se produzca una reducción de la dotación de personal mientras, al mismo tiempo, se ha invertido una buena suma de dinero. Esto se sigue denominando ahorro de trabajo personal por algunos. En Toyota denominamos a un sistema como «ahorrador de personal» (*shojinka*) cuando puede contribuir verdaderamente a la reducción de costes, para diferenciarlo del mero «ahorro de tareas».

Del ahorro de trabajo de personas a la reducción del número de trabajadores

En la crisis del petróleo del año 73, los fabricantes de automóviles experimentaron el límite a su expansión. Cuando sucedió esto, se descubrió que la reducción del número de trabajadores a través de la automatización era muy inferior a la reducción en el número de automóviles producidos. Una visión ampliamente compartida apoyaba que la automatización significaba continuar con un número fijo de trabajadores.

Automatizar significa, en algunos casos, transferir o transportar artículos sin la intervención de tarea de personas. Por esta razón, las máquinas automáticas cada vez eran mas grandes.

Los trabajadores se convirtieron en ejecutores de tareas auxiliares que no se podían automatizar. Por tanto, los trabajadores empezaron a circular alrededor de las máquinas.

No había correlación entre el número de automóviles producidos y el número de personas involucradas en su producción. Por ejemplo, cualquiera sea el número de automóviles producidos, una cierta máquina requiere siempre que tres trabajadores la atiendan. Esta era la razón para decir que la automatización significaba tener un número fijo de trabajadores.

Pero esta situación creaba problemas. Si se reducía el número de automóviles producidos, entonces debería reducirse también el número de trabajadores involucrados. A partir de esto, empezamos a pensar en términos del número de personas en primer lugar.

IDEAS DE OHNO

Ahorro de trabajo de personal:

Tiene un programa de reducción de trabajos de personas y efectivamente reduce horas-hombre por valor de 0,5 de trabajador. En realidad no ha conseguido nada.

Solo cuando reduce el número de trabajadores involucrados en las operaciones puede decir que tiene un programa viable Just reducción de costes. Debemos proceder reduciendo el número de personas no el de tareas de personas.

> *Menos personal:*
>
> *Ha automatizado su planta con el fin de reducir el trabajo manual. Hasta ahora esto es bueno, pero cuando es necesario reducir el output, por alguna razón no puede reducir proporcionalmente el número de trabajadores.*
>
> *Esto es consecuencia de que su automatización es de la clase que mantiene un número fijo de trabajadores. Durante la época de crecimiento estable, deben hacerse esfuerzos para eliminar este concepto de «número fijo de trabajadores». Tiene que dedicar su talento creativo a diseñar un sistema que permita que una línea produzca flexiblemente un número requerido de automóviles con el número acorde de trabajadores necesarios.*
>
> *Cuando esto se logra, puede producir la meta de 70 por ciento de la capacidad normal de producción con solo un 70 por ciento de personas.*

El primer paso hacia «menos personal» requiere reevaluar profundamente el concepto de automatización. En el proceso, debemos liberarnos del mito de que la automatización equivale a un número fijo de trabajadores.

No es un concepto aceptable «como esta operación puede automatizarse, vamos a automatizarla». Primero plantéese esta cuestión: «¿No hay otra alternativa mas que automatizar?» Por ejemplo, ha recorrido un gran trecho mejorando el trabajo, y le resta una fracción de trabajador, digamos 0,2 de persona, y desea reducir esto a cero. Cuando hay una necesidad como esta, quizá la automatización es la solución.

El segundo paso para reducir el número de personas es pensar sobre la colocación de trabajadores alrededor de una gran máquina automática. Como consecuencia de su gran tamaño, los trabajadores asignados a esa máquina pueden estar situados relativamente apartados unos de otros. Por experiencia, sabemos que en la mayoría de los casos, la cantidad de trabajo que realiza cada trabajador es solo una fracción de su capacidad, haciendo una tarea que no requiere un trabajador de plena ocupación. Por tanto, debemos reeducarnos para pensar según el siguiente proceso: «¿Puede el trabajo hecho por el trabajador A transferirse al B? ¿Y puede también transferirse a C el trabajo de B?»

En otras palabras, intente transformar la instalación de modo que el área de trabajo de los trabajadores y la de la máquina sean una sola y la misma, si es posible. Esto puede conducir a «menos personas».

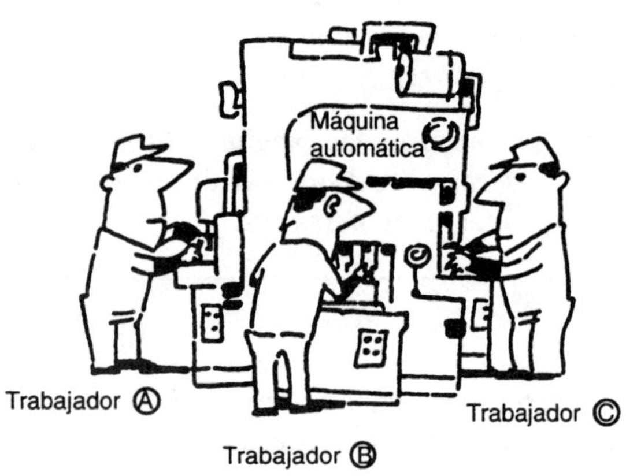

Figura 36. Menos tareas, pero nó menos personas

Cómo obtener la reducción de las horas-hombre

En Toyota, promovemos la reducción de las horas-hombre en primer lugar introduciendo el concepto de tiempo en vacío, y cambiando entonces las combinaciones de trabajo.

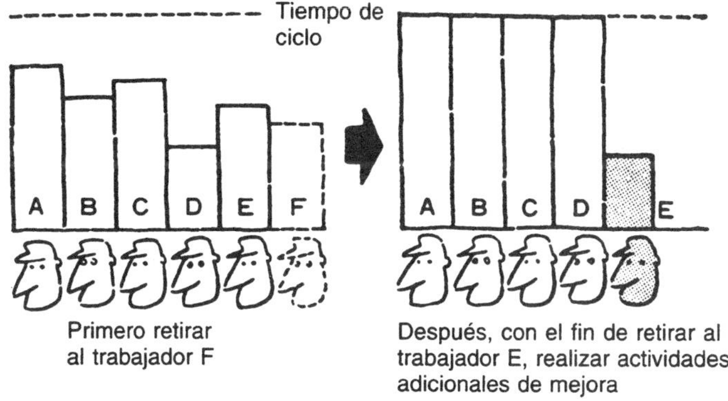

Primero retirar al trabajador F

Después, con el fin de retirar al trabajador E, realizar actividades adicionales de mejora

Figura 37. Combinación de trabajo

Observemos la figura 37. Hay seis trabajadores. El tiempo de ciclo se ha establecido en una unidad cada tres minutos. Cuando se realiza el trabajo sobre esta base, cada trabajador tiene un margen de tiempo en vacío. Se transfiere algo de tarea de B a A, y también algo de C a A, hasta que el tiempo de ciclo de A está completamente agotado con tiempo de trabajo. Se repite secuencialmente este proceso con todos los trabajadores hasta que se cubre el tiempo de ciclo del máximo número posible de trabajadores. Si se hace esto, el trabajo de F desaparecerá. De modo que F se retira de esta línea.

En otra situación hipotética, una línea que consiste en cinco trabajadores (de A a E) tiene un tiempo de ciclo de un minuto, con el resultado de que el trabajador E tiene trabajo solo para 25 segundos. Pero, con esto, la línea continúa dotada con cinco trabajadores. En este caso, la tarea es descubrir el modo de eliminar 25 segundos de trabajo real del conjunto de la línea. Normalmente, esto exigirá un duro proceso de pensamiento.

Por ejemplo, las piezas pueden llevarse hasta el punto en que se sitúa cada trabajador, las plantillas pueden mejorarse de modo que se reduzca el número de veces que tienen que pasarse de una a otra mano, o las herramientas pueden situarse en algún mecanismo que cuelgue por encima de cada trabajador y en la secuencia de uso. Con estos cambios puede ser posible rebanar 25 segundos, y E podrá retirarse de la línea.

Sin embargo, si a pesar de todos los esfuerzos no pueden eliminarse los 25 segundos, entonces pueden diseñarse herramientas especiales o algunas operaciones manuales pueden reemplazarse por operaciones de máquinas para eliminar esos segundos. En este procedimiento, hemos seguido un proceso sucesivo desde la mejora del trabajo a la mejora de las instalaciones.

Si hay múltiples máquinas, considere la instalación de los conmutadores colocados de modo diferente o en orden inverso. Es importante el lugar en que se coloca el conmutador en cada máquina. Por ejemplo, en el primer proceso el trabajador instala el material a procesar en la máquina, y se desplaza hacia el segundo proceso. El conmutador debe colocarse de forma que pueda pulsarlo para arrancar la máquina mientras se desplaza por su camino normal. Con este simple procedimiento, pueden eliminarse muchos excesos de trabajo.

Pensar sobre el «layout»

En la organización de una combinación de trabajo, siempre sale a la luz la cuestión del «layout». Hay casos en los que también pueden surgir problemas.

Un buen ejemplo es el caso del «layout» con *islas separadas*. Un área de trabajo permanece separada, alejada de las demás. Incluso aunque los trabajadores sean proclives a ayudarse, este «layout» lo hace imposible. Similarmente, los trabajadores no pueden ayudarse unos a otros si cada uno está rodeado de máquinas. Denominamos a este último «layout» tipo *pájaro en su jaula*.

Si las instalaciones tienen forma alargada, la entrada y la salida pueden estar sumamente apartadas. Puede encontrarse un buen ejemplo en un transportador suspendido. Si están separados el sitio en el que se colocan los materiales y el sitio en el que se retiran, se requerirá un mínimo de dos trabajadores. Una solución es diseñar un transportador que haga un giro, volviendo al lado del punto en que arranca, y haciendo que su entrada y salida estén en el mismo punto. No habrá así stock en mano, y solo será necesario un trabajador. Cuando diseñe un «layout», recuerde que la entrada y la salida deben ser la misma.

Pueden surgir problemas en el modo de usar los transportadores. Algunos transportadores se usan exclusivamente para transportar artículos. Por esta razón, el «layout» entero se extiende a lo largo: los trabajadores se sitúan uno aquí, otro allá. De nuevo tenemos el caso de la organización en islas separadas, y los trabajadores no pueden ayudarse entre sí. En casos como éste, Toyota simplemente desmonta el transportador.

Asimismo, en vez de tener una línea dotada con transportador que pueda trasladar artículos a superior velocidad, Toyota prefiere tener múltiples líneas mas cortas.

Cuando se planifica un nuevo «layout», es importante observar si satisface las tres condiciones básicas: flujo de artículos, movimiento de personas y flujo de información. La consideración mas importante es que el «layout» apoye el sistema de flujo ordenado de producción. No es deseable tener un «layout» con áreas funcionales separadas unas de otras, p. ej., tener todas las fresadoras automáticas en una localización.

Siguen algunas sugerencias para la planificación del «layout».

Juntar la entrada y la salida. En primer lugar, cuando se juntan la entrada y la salida de un proceso, es fácil introducir la práctica de «cuando se extrae una pieza, puede entrar otra». De este modo, pueden permanecer constantes las piezas en mano en cada proceso. Y mas importante, este «layout» puede inculcar en las mentes de los trabajadores la importancia del concepto «just-in-time».

Un segundo beneficio es que el área de trabajo resulta claramente definida. Como vimos en el caso de las máquinas automáticas, si se estaciona un trabajador en el punto de entrada y salida de artículos, es posible que no se necesite ninguno mas. Juntando la entrada y la salida, el área de trabajo de un trabajador queda claramente definida. De este modo, su trabajo es mas eficiente.

Otro beneficio es que se evitan despilfarros de movimientos. En los casos en que los procesos se operan manualmente, se elimina el movimiento despilfarrador de ir a algún punto y volver. (Véase en el capítulo 3, el ejemplo del proceso de un engranaje).

Finalmente, resulta posible asignar menos personal siempre a nivel consistente con la cantidad de trabajo. En términos prácticos, juntar la entrada y la salida, significa crear un «layout» en forma de una brida cuadrada, o en forma de U o redonda. De este modo, como ya tratamos anteriormente, se elimina el despilfarro de movimientos y, dependiendo de la cantidad de trabajo requerida, los trabajadores pueden ayudarse o reducirse su número.

Un proceso con línea única recta es lo que denominamos «layout» de «marcha y adiós», y no es deseable. Las explicaciones anteriores demuestran cumplidamente porqué.

Concentrar las áreas de trabajo. No es necesaria aquí dar explicación adicional, excepto señalar que este tema se ha tratado ampliamente en la sección dedicada a la reducción de las horas-hombre. Por supuesto, como ya hemos dicho, las «islas separadas» y las «jaulas de pájaro» son indeseables.

Utilizar «layouts» centrados en las personas. A menudo vemos fábricas en las que las unidades generadoras de energía y las de control se colocan exactamente en el medio del lugar de trabajo. Dificultan los desplazamientos de las personas. Quizá se instalaron antes de que se empezase a pensar en el «layout» definitivo. Pero debe corregir estos errores si puede, y hacerlo inmediatamente.

No tolere que un solo motor suministre energía a múltiples líneas. Solo porque un motor tenga exceso de capacidad, esto no debe implicar que suministre energía a las líneas A y B. Supongamos que hay una avería en la instalación de A; paralelamente se parará B. O cuando desee operar solamente A, y no se necesite B, con todo la línea B tendrá que seguirse moviendo.

Instale un almacenaje con frente amplio y escasa profundidad. Con el sistema kanban, el almacén puede contener muchas clases de elementos, pero la cantidad de cada uno será normalmente pequeña. En principio, el «layout» del almacén debe ser de frente amplio y escasa profundidad.

Práctica de la mejora

Cuando se aprueba un plan de mejora y se pone en práctica, es frecuente que se descubra que el resultado no puede realmente calibrarse bien a menos de que se ponga realmente en práctica. El plan detalla la eliminación del despilfarro y exige reasignar a tres trabajadores el trabajo que anteriormente hacían cuatro. Pero cuando el trabajo se redistribuye realmente a tres trabajadores, aún permanece sin asignar trabajo equivalente a 0,1 persona. ¿Puede el supervisor insistir en que tres trabajadores asuman la responsabilidad de este 0,1 extra? Con ello, puede incitar resentimientos entre los trabajadores y contribuir a una intervención sindical. Pero no se puede simplemente abandonar la meta por estas aparentes dificultades.

Los resultados son importantes en una actividad de mejora. Una vez acometida, sea paciente y trabaje hasta que se reduzca el número de trabajadores. Si lo que necesita es reducir la carga de trabajo en 15 segundos, considere una o mas de las siguientes posibilidades: situar el almacén de piezas mas cercano al área de trabajo para reducir el tiempo necesario para los desplazamientos; hacer mas pequeño el palet; transformar un conmutador que es necesario pulsar firme en un sensor de un toque; automatizar el proceso de extracción de productos del estante; o suspender las herramientas por encima del trabajador. Concentre su atención cuidadosamente en unos pocos elementos. Una pequeña idea ahora y otras similares después pueden recorrer un largo camino para germinar una gran mejora.

Otro tema importante es que es necesario que el plan de mejora sea estable. Las situaciones que se han mejorado deben incorporarse a los estándares como nuevos modos de hacer las cosas. Si todas las medidas de mejora son meramente de naturaleza *ad hoc*, serán de poca utilidad. Cuando se hagan mejoras en instalaciones, plantillas, herramientas, útiles y medios de manejo y traslado, obsérvelas constantemente hasta que los trabajadores adquieran maestría en los nuevos modos de operación. En la ejecución de las operaciones estándares para cambio de útiles y herramientas, ensáyelas consistentemente hasta que los trabajadores dominen todo el procedimiento. No sea complaciente por el hecho de que ya tiene estándares; a veces pueden ser imperfectos, y parte de su trabajo es mejorarlos.

Sin la cooperación de los trabajadores, ningún plan de mejora puede tener éxito. Para obtener la cooperación y comprensión de los trabajadores, preste atención a los dos puntos siguientes.

1. El trabajador debe conocer el tiempo que tiene sobrante. Pida a los trabajadores que tienen tiempo sobrante que no hagan nada durante ese tiempo. Por ejemplo, la línea funciona con un tiempo de ciclo de un minuto. Un trabajador completa su trabajo en 40 segundos. Durante los siguientes 20 segundos, debe permanecer mano sobre mano. De este modo, cada uno, incluyendo el propio trabajador, sabrá que tiene tiempo sobrante. Cuando llegue el momento de incrementar la carga de trabajo, no habrá resistencias.

2. Cuando tenga que reducir personal, reduzca a los de superior cualificación. ¿A quién retirar de la línea? ¿Retirar a los mejores? ¿O retirar a los menos cualificados, los de trato mas diifícil o menos acostumbrados a ese trabajo? Muchos directivos tienden a hacer lo último, pero cuando hacen esto, los que retiran nunca mejorarán sus cualificaciones o habilidades e inevitablemente se resentirán. Esto no es bueno para la moral de trabajo. A la inversa, cuando los que se retiran son los mejores, los trabajadores pueden mostrar una actitud mas positiva y cooperativa.

8
PRODUCCION DE ALTA CALIDAD CON SEGURIDAD

El verdadero valor de la mejora está en la calidad

La principal meta que trasciende a cualquier otra cosa en la industria es crear productos de alta calidad.

Cualquiera sea la capacidad de producción que tenga una empresa, si el producto es de una calidad deficiente, ningún consumidor lo comprará. Tampoco importa que el producto se pueda producir a un coste excepcionalmente bajo, si al final esa producción no puede traducirse en ingresos por falta de calidad, el resultado será una pérdida. En el caso de un automóvil, se destaca fuertemente el factor de seguridad. No podemos descuidar la calidad porque estemos muy ocupados o porque deseemos fabricar nuestros automóviles a menos coste. Enviar tales productos al mercado es anti-social. Puede también ser un factor definitivo para la destrucción de la compañía.

En otras palabras, asegurar la calidad es el primer compromiso de la empresa. Si hay otras consideraciones, y se presta a la calidad una atención marginal, esto constituye el clásico caso de poner el carro delante de los caballos.

Entre las muchas operaciones de nuestras plantas, ¿cuáles son las que pueden asegurar la calidad?

En tiempos anteriores, el sentido común y la habilidad de los trabajadores experimentados eran factores determinantes en la calidad del producto. En los diversificados procesos de hoy basados en la división de tareas, la calidad se asegura a través de las operaciones estándares, que generalmente se determinan en el entorno de las condiciones de trabajo prevalecientes. En resumen, las operaciones estándares se determinan de modo tal que se asegure el requisito de calidad. Sin embargo, incluso así, la calidad puede variar ampliamente, y las inspecciones visuales y verificaciones con calibres deben formar parte de las operaciones estándares de los procesos.

Si bajo estas condiciones, de todos modos se produce material defectivo, ello puede significar alguno de los factores siguientes: que los trabajadores no observan las operaciones estándares, o que hay una disfunción o defecto en máquinas, útiles, plantillas o herramientas. Examinaremos primero el primer problema.

De vez en cuando, oímos que después de implantar medidas de reducción de las horas-hombre, se han incrementado los defectos, o que se han retirado tantos operarios de las líneas que se ha resentido la calidad. Ninguna de estas cosas debe suceder nunca. Como dijimos anteriormente, de acuerdo con el sistema Toyota, estos son casos similares a poner el carro delante de los caballos.

Cuando observamos ocurrencias de defectos en el lugar de trabajo, podemos dividir los casos en dos categorías:

1. En cierto momento, un trabajador puede estimar que su carga de trabajo se ha incrementado injustamente, y o bien omite algo de trabajo que se supone tiene que hacer u olvida hacerlo. En otras palabras, en vez de eliminar el despilfarro, ha incurrido en un acto de omisión.

2. Hasta ahora, ha sido posible almacenar productos en el área de almacenaje intermedia o rehacer o rectificar las piezas defectuosas, debido a un excedente de dotación de personal. La deficiente calidad que no salía a la luz, súbitamente se convierte en un problema a consecuencia de la eficacia de las actividades de reducción de las horas-hombre.

El primer tipo de situación se encuentra a menudo en las líneas de ensamble que usan un transportador. Este problema está causado por no parar la línea cuando el trabajo está retrasado o cuando surgen problemas.

Omitir algo del trabajo porque no se puede asumir la carga total que se supone tiene que hacer dentro de cierto periodo, significa pensar que la línea no debe pararse. Sin embargo, es mucho mejor parar la línea y enviar al proceso siguiente un producto no defectivo. Los supervisores deben inculcar este concepto en sus trabajadores.

No hay que preocuparse en exceso por la velocidad de la línea o el tiempo de ciclo. Todos deben estar familiarizados con el concepto de que *el tiempo de ciclo no tiene relación con el número de personas en el trabajo*. Pida a cada uno de sus trabajadores que completen su ciclo de trabajo. Esto significa que hacen su trabajo a su propio ritmo, pero teniendo que hacer todo lo que se requiere. Si el trabajador no puede terminar su trabajo dentro del tiempo de ciclo, se para la línea hasta que completa el trabajo. Surge la cuestión de si el tiempo requerido debe añadirse (el exceso sobre el tiempo de ciclo) al tiempo de ciclo. La línea no necesita preocuparse de este tema, siendo esta una tarea que recae sobre los hombros de directivos, ingenieros y supervisores.

Por ejemplo, el tiempo de ciclo se ha establecido en 60 segundos, pero un trabajador — al que se han asignado los procesos 1 al 5 — hace su tarea en 70 segundos, 10 segundos por encima de lo normal. Sin embargo, el trabajador debe trabajar a su ritmo normal, y la línea tiene que parar 10 segundos cada vez, con el fin de permitir a este trabajador producir un producto de calidad.

Con todo, es la responsabilidad de supervisores e ingenieros encontrar modos de asegurar que el trabajo puede completarse en 60 segundos, y a un ritmo normal. Pueden erradicar despilfarro de cada proceso y acortar la distancia recorrida. Solo después de que se hayan realizado acciones apropiadas como éstas, se habrá asegurado que cesarán de producirse paradas en la línea.

Es fácil dar la orden de que la línea no pare. Pero si esto se hace sin mejorar las operaciones, se invita a la inestabilidad en la calidad. En el sistema Toyota no permitimos que suceda esto.

En el segundo caso, los defectos que no se hacían aparentes resultan visibles cuando se hace una reducción en la dotación de personal y los stocks. Previamente, quizá los productos defectuosos aparecían con regularidad, pero se corregían internamente sin que se diesen pasos hacia una mejora fundamental. Por ejemplo, lo siguiente puede clasificarse dentro de esta categoría: elementos defectuosos producidos en el proceso precedente se corrigen en el proceso actual, sin informar en retroacción al proceso precedente; u orificios roscados no ajustan con la pieza macho por defectos de diseño, pero el proceso presente simplemente rectifica el roscado para corregir el desajuste. La verdadera causa se deja encubierta con estas correcciones improvisadas. Estas correcciones, inevitablemente elevan el coste de horas-hombre.

La mejor oportunidad de mejora es cuando el defectivo resulta claramente identificable a través de la reducción de las horas-hombre. Los supervisores e ingenieros deben devolver los artículos defectuosos a las secciones responsables e investigar concienzudamente la causa o causas. Si es necesario, deben acudir al proceso precedente para hacer lo mismo. Deben encontrar soluciones fundamentales al problema surgido. Un doctor no puede tratar una apendicitis crónica enfriando el área afectada. La apendectomía es el único modo de restaurar la salud de la persona. En nuestras fábricas se requiere un planteamiento similar.

Este modo de pensar se extiende a los casos en los que los defectos están causados por máquinas, equipos, útiles, plantillas y herramientas. Por ejemplo, si los defectos los causa el equipo, parar la línea inmediatamente y eliminar la causa.

No hay que rectificar el material defectuoso dentro del propio proceso simplemente porque los procesos responsables del defecto no responden fácilmente. Una vez que comienza el trabajo de rectificado, llega a formar parte del proceso regular sin tener plena conciencia de ello. En vez de esto, pedir al proceso anterior que corrija. Su acción no debe terminar con una llamada telefónica o el envío de un memo. Debe buscar pacientemente medidas correctoras hasta que se fabrique un producto de alta calidad.

La inspección no añade valor

Si la línea de ensamble final permite que sigan adelante artículos defectuosos, hay grandes posibilidades para que productos deficientes lleguen al consumidor final. Normalmente, los productos defectuosos se descubren en un proceso de inspección final, y se rectifican antes de que lleguen a las manos de los clientes. El trabajo de rectificación puede así llegar a ser frecuente. Sin embargo, de este modo sube el coste.

La inspección realizada por inspectores que están fuera del proceso regular no produce valor añadido. Por tanto, son las personas integrantes de la línea de proceso regular las responsables de asegurar plenamente la calidad. No deben permitir instalar (para procesar) materiales defectuosos en sus plantillas, y deben utilizar siempre calibres para inspeccionar. Hay que intentar hacer todo correctamente a la primera. En principio el trabajo de rectificación no debe tolerarse que ocurra. Tanto los inspectores externos a la línea como el trabajo de rectificado añaden horas-hombre a los mismos productos. La proporción de valor añadido baja mientras sube el coste.

¿Aceptará el cliente su argumento «este producto se ha inspeccionado diez veces, lo que justifica que sea tan caro»? El trabajo que no añade valor es un mero despilfarro. Se puede eliminar despilfarro en el proceso corriente y reducir las horas-hombre. Pero si el resultado final es producir defectos, esto puede significar simplemente que se han incrementado sustancialmente los requerimientos de horas-hombre de inspección y rectificación. Desde el punto de vista de la reducción de costes, el resultado neto puede ser cero o incluso negativo. Puede quedar lejos de las metas originales.

Siendo así las cosas, elimine en el mayor grado posible tanto la inspección externa al proceso regular como el trabajo de rectificado. Son realmente un despilfarro. Produzca buenos artículos de modo que las inspecciones y rectificaciones sean innecesarias. La reducción de las horas-hombre seguirán a esto de modo natural.

La calidad se crea en el proceso

Anteriormente, la práctica era que los inspectores inspeccionaban las piezas producidas y entonces pasaban al proceso posterior. Sin embargo, una vez que se fabricaban estas piezas, el acto de emitir un juicio de «pasa-no pasa» no daba lugar a la creación de calidad en los productos.

Un inspector podía juzgar que un producto era bueno después de hacer una inspección mediante muestras. Pero si con esta práctica al final resultaba un producto defectuoso entre varios miles, el cliente que lo comprase seguro que no iba a decir, «Este es un limón amargo entre miles de buenos coches. ¡Qué mala suerte que me ha tocado a mí!» Por esta razón, es necesario pensar en la forma de inspeccionar todo de un modo u otro.

Con este planteamiento, surgió la noción de que tenían que eliminarse los inspectores «full-time», acompañada del concepto de que la calidad debía crearse e integrarse en el proceso mismo.

Integrar la calidad significa que cada trabajador debe hacerse responsable de cada uno de los procesos que hace, y debe asegurar la calidad de cada uno de ellos. La inspección debe integrarse en el proceso, y con el fin de enviar solo materiales buenos al proceso siguiente, los defectos deben captarse en el punto de ocurrencia. Nuestro eslogan es: «Capte el defecto en el acto». Es imperativo que los trabajadores chequeen su propio trabajo y sometan cada pieza a una plena inspección. El siguiente proceso es su cliente. Los elementos defectuosos nunca deben enviarse al proceso siguiente. Esta es la clave de nuestro concepto de integración de la calidad en el proceso.

Por supuesto, los métodos de inspección deben investigarse cuidadosamente. Junto con la inspección y los distintos tipos de calibrados, deben también considerarse los mecanismos «a prueba de errores» que captan los defectos sin intervención humana.

Si el trabajo se hace en lotes en una máquina automática de estampación de alta velocidad, se retienen 50 o 100 piezas en el canal de salida, y se inspeccionan la primera y la última pieza. Si ambas son buenas, el lote entero se carga en el palet. Si la última pieza es defectuosa, se investiga dónde comienza el defecto y se retiran todas las pìezas defectuosas. Al mismo tiempo, se toman pasos para evitar la repetición. Este es, en cierto sentido, un sistema de inspección que podemos decir que es del 100 por cien. No hay que pensar nunca en términos de inspección mediante muestras simplemente por que la máquina es de alta velocidad.

Incluso después de esto, si el proceso siguiente descubre un defecto, debe enviar inmediatamente un mensaje al proceso precedente. El proceso que recibe esta información debe parar inmediatamente su trabajo, investigar la causa y adoptar acción. Siempre que se descubre algo defectuoso, se comunica el hecho inmediatamente al responsable. Si esto no se hace, los defectos se continuarán produciendo.

La rectificación de elementos defectuosos debe hacerse solamente por los trabajadores del proceso responsable. Nunca decir, «Oh, esto no es nada», y, tranquilamente, hacer la corrección en el proceso siguiente. Esta es una forma de perpetuar los defectos. El responsable del defecto debe corregirlo.

No limitarse a la emisión de certificados

Consideremos ahora el tema de la inspección realizada por inspectores.

Una idea común es que los inspectores diferencian entre productos buenos y malos, agregan los resultados y envían un informe al proceso precedente. Esto se considera usualmente el fin de la inspección, pero esta percepción es insuficiente. Los inspectores deben considerarse a sí mismos miembros del staff que tienen la responsabilidad de analizar las razones de la ocurrencia de defectos, investigar la causa, y modificar la práctica. No son examinadores cuya única función es asignar grados de paso o fallo. Deben ser capaces de explicar a los trabajadores porqué tienen lugar los errores y enseñarles a que no cometan el mismo error de nuevo. Su función es análoga a la de un tutor.

Cuando se produce un ensamble erróneo, a menudo se cita como causa la falta de atención de un trabajador. Pero la cuestión puede que no sea tan simple. Puede ser que las piezas no estuviesen correctamente alineadas en el orden de montaje, o que el botón de parada de la línea o el de llamada estuviesen demasiado apartados, o que no fuese fácil de leer el boletín de instrucciones de trabajo. Probablemente hay cierto número de causas. Solo conociendo las causas y tomando acción apropiada, pueden darse pasos para la reducción del número de defectos.

La meta que un inspector debe fijarse a sí mismo no es la de no dejar pasar artículos defectuosos, sino eliminar totalmente su producción. Esto debe establecerse como criterio para juzgar sus actividades.

A prueba de errores (poka yoke)

Para integrar la calidad en los procesos, ¿qué deben hacer los trabajadores? ¿Qué puntos deben chequear y qué piezas medir? ¿Cuándo tienen que cambiar las herramientas de corte?

Consideremos qué funciones pueden realizar las plantillas, herramientas, y herramientas de montaje en la resolución de estos problemas. Plantillas y herramientas de montaje pueden diseñarse de forma que inspeccionen automáticamente los productos recibidos del proceso precedente. Puede diseñar un proceso «a prueba de errores» y descubrir los defectos.

Deben estandarizarse los mecanismos (poka-yoke) que hacen al proceso «a prueba de errores» para asegurar una calidad estable con un mínimo de tiempo-hombre.

Si no se plantean así las cosas, cualquier persona, por cuidadosa que sea, puede cometer errores cuando mida magnitudes o chequee productos uno a uno. Deben encontrarse modos de evitar la ocurrencia de desórdenes tales como la producción de material defectuoso, dar pasos en falso en el proceso de trabajo y sufrir accidentes. El sistema a prueba de errores que sugerimos es un proceso para crear mecanismos que puedan descubrir o detectar desórdenes sin que los trabajadores tengan que estar pendientes de los detalles en todo momento. Entre estos mecanismos, considere los siguientes:

- Si se da un paso en falso o se omite, el mecanismo no permite que los artículos se monten en las plantillas.
- Si se encuentra un desorden en los artículos, el mecanismo no permite que la máquina empiece a procesar.
- Si se da un paso en falso o se omite, el mecanismo no permite que la máquina empiece a procesar.
- Si se da un paso en falso en el proceso de trabajo o en los movimientos, se ajusta automáticamente, y el mecanismo permite que prosiga el proceso.

- El desorden ocurrido en el proceso precedente se examina en el siguiente, y el mecanismo no permite que pase el defecto.
- Si cierta operación se omite o pasa por alto, el mecanismo no permite que empiece el proceso siguiente.

Los métodos a considerar en un planteamiento «a prueba de errores» incluyen los siguientes:

1. *Método de señales*: se enciende una luz, fácil de reconocer por su color u otras características. Este es un método de control visual que facilita descubrir visualmente el desorden.

2. *Método de plantillas*: un artículo que no tiene las medidas apropiadas o que le falta determinada característica, o que no se monta en forma adecuada, se detecta por la plantilla y la máquina no se puede activar. En éste método, las plantillas se diseñan para la tarea de descubrir errores.

3. *Método automático*: la máquina para si ocurre un desorden durante el proceso. Algunas personas no incluyen este método como parte de nuestro sistema a prueba de errores.

Al establecer un sistema poka-yoke, se seleccionan las áreas que se muestran mas factibles a la implantación, y en las que estos sistemas puedan rendir buenos resultados.

La seguridad trasciende a todo

Hay un adagio que dice que «el agua derramada nunca vuelve a la taza». En nuestra existencia humana, hay algunas cosas que no pueden volver nunca a su estado original. Las máquinas e instalaciones pueden restaurarse después de una avería o accidente si se gasta en ello suficiente cantidad de dinero. Pero si una persona sufre un accidente, difícilmente se puede restaurar su cuerpo para devolverle su vigor original. Pueden producirse también accidentes mortales, y ningún dinero puede devolver la vida a una persona fallecida. La seguridad es siempre nuestra primera y máxima preocupación, y cualquier actividad de reducción de horas-hombre debe considerar la seguridad.

Por supuesto, para reducir costes debe emprenderse cada método disponible para reducir las horas-hombre; pero nunca debemos olvidar que la seguridad es el fundamento de todas nuestras actividades. Hay veces, en las que las actividades de mejora proceden sin haber considerado seriamente la seguridad. En tales casos, hay que volver al punto de partida y revisar desde todos los puntos de vista el propósito de la operación. La inacción sobre la seguridad no es admisible. Hay que cuestionar el proceso entero desde este punto de vista.

A primera vista, la seguridad y la reducción de las horas-hombre pueden parecer contradictorias, pero un examen mas atento nos debe revelar grandes afinidades entre los dos conceptos. Considere que la reducción de horas-hombre también promueve la eliminación del despilfarro (*muda*), los desequilibrios (*mura*) y la irracionalidad (*muri*).

En cada fábrica, la mayoría de los accidentes se producen debido a movimientos causados por despilfarro, desequilibrios o irregularidades e irracionalidad. En resumen, la fábrica puede estar forzando a sus trabajadores a hacer lo que no es necesario, o que es muy difícil de hacer. Sus movimientos tendrán entonces las desfavorables características señaladas, y el resultado será accidentes de personas.

En japonés, la palabra para daño es *kega*, que contiene dos caracteres chinos, *ke* y *ga*. Si se lee esta palabra separadamente, significa que «incluso para mí mismo (*ga*), me parece extraño (*ke*)». Los movimientos que son extraños, p. ej., con despilfarro, irregularidad o desequilibrio, e irracionalidad, son las causas del daño. La eliminación de esas características está directamente conectada con la seguridad.

Generalmente, los accidentes tienen lugar en plantas en las que es inadecuado el mantenimiento diario. El retirar de los lugares de trabajo todos los elementos no necesarios, tener a mano todos los elementos necesarios y listos para usar, el mantenimiento y limpieza diarios, y tener bien definida la secuencia de trabajo y señalizados todos los elementos son planteamientos que debe tener en práctica cualquier fábrica que se autorrespete. Pero en los lugares de trabajo en los que estos elementos no son discernibles, los accidentes ocurren con frecuencia. A la inversa, en las plantas en las que son vigorosas las actividades de reducción de horas-hombre y de mejora, rara vez se producen accidentes.

Deben simplificarse los procedimientos de trabajo. Cuanto mayor sea el grado de simplificación, mas fácil es gestionar y descubrir anormalidades.

Es también necesaria la simplificación de los movimientos de trabajo.

Los movimientos de trabajo simplificados difícilmente tienen despilfarro, desequilibrios e irracionalidad. Son mas fáciles de gestionar y controlar. La simplificación reduce la probabilidad de actividades inseguras. Es importante establecer un sistema de control visual a través del cual puedan descubrirse prontamente qué movimientos son inestables o inseguros.

En nuestras actividades de reducción de horas-hombre hemos promovido la simplificación que, como hemos descrito ahora, es también una consideración importante para la seguridad.

Retirar del lugar de trabajo todo lo no necesario, tener a mano todos los elementos necesarios listos para usar, la limpieza y el mantenimiento diarios, y tener bien definida la secuencia de trabajo y señalizados todos los elementos son actividades que se realizan sobre la base del personal existente en el lugar de trabajo. Si hay demasiadas personas o cosas en el lugar de trabajo, o si el «layout» de las máquinas no es adecuado, estas actividades perderán efectividad. Si el proceso está evolucionando en la dirección de la complejidad, hay un límite a la acción de retirar elementos del lugar de trabajo. No debemos pasar por alto el hecho de que en el lugar de trabajo, las relaciones entre personas, artículos e instalaciones están interconectadas, y ninguna es independiente de las otras. Por ejemplo, si hay demasiadas personas, puede producirse demasiado (acumulación de stocks). Esto, a su vez, requiere personal para retirar cosas, ponerlas aquí y allá, y volverlas a recolocar, y hacer trabajos de rectificado de productos, lo que, a su vez, exige aún mas personal. Se crea un círculo vicioso.

Si un lugar de trabajo incrementa algo, lo demas debe también incrementarse. La complejidad crece en proporción exacta al incremento en número de alguna clase de elementos. La reducción de las horas-hombre es un paso importante para evitar el crecimiento de esta tendencia hacia la complejidad. Es también importante para promover la seguridad.

IDEAS DE OHNO

La palabra japonesa seiri *denota retirar del lugar de trabajo todos los elementos no necesarios. La palabra* seiton *significa tener las cosas listas para uso en cualquier momento. Colocar las cosas limpiamente alineadas se denomina* seiretsu. *Pero la gestión del lugar de trabajo lo que requiere es* seiri *y* seiton.

Para crear un lugar de trabajo seguro, es necesario un fuerte compromiso. El primer paso hacia esto es crear un lugar de trabajo sin despilfarro, desequilibrio e irracionalidad. Para conseguir esto, debemos crear un entorno en el que sea fácil descubrir el despilfarro, el desequilibrio y la irracionalidad.

Las siguientes cuestiones deben incorporarse al manual de instrucciones de trabajo:

* ¿En qué condiciones se realizan las operaciones?
* ¿En qué orden?
* ¿Y en qué intervalo de tiempo?

La conclusión es simple: promover la reducción de las horas-hombre puede mejorar la seguridad. Por tanto, para crear un entorno de trabajo seguro, hay que trabajar activamente en la reducción de las horas-hombre.

La automatización fácil es propensa a accidentes

Cuando a la automatización le falta el tacto humano — el equipo se instala buscando el ahorro de trabajo de personas pero no el ahorro de personal — generalmente se requiere que un trabajador quede permanentemente como supervisor (observador) de la máquina. Sin este observador, quizá la máquina puede no funcionar apropiadamente. En el sistema Toyota de automatización con tacto humano, el mecanismo de parada automática entra en juego en caso de emergencia. Desde la perspectiva de la seguridad y las horas-hombre, este es un factor importante.

Un problema relativamente común en las fábricas automatizadas puede ilustrarse mediante el siguiente caso real.

En un proceso representado en la figura 38, un trabajador se machacó un dedo cogido en un rodillo. Normalmente, la función del trabajador consistía en empaquetar las piezas producidas automáticamente por la máquina. Había diez líneas similares a la ilustrada, y normalmente esta es la carga de trabajo para una persona. Sin embargo, en este caso, había realmente de tres a cuatro trabajadores haciendo constantemente rondas entre las líneas. Tenían que hacer que las líneas fluyesen de modo regular para cumplir la cuota de producción. Con todo, los trabajos no fluían regularmente por los conductos. No estaban correctamente instalados sensores asociados a los términos «paso OK», «no pasar», «falta trabajo», y «trabajo completo», y las máquinas no podían parar en caso de emergencia. El accidente ocurrió por que el trabajador dejó que su dedo quedase atrapado en una máquina operada automáticamente.

En este caso particular, deberían haberse planteado inicialmente si el trabajo podría realizarse por una sola persona. Si se hubiesen introducido mejoras en forma de mecanismos poka-yoke y de parada automática en caso de desorden, se habría mejorado el flujo de productos por los conductos, se habría realizado una efectiva reducción de las horas-hombre, y el accidente no habría ocurrido.

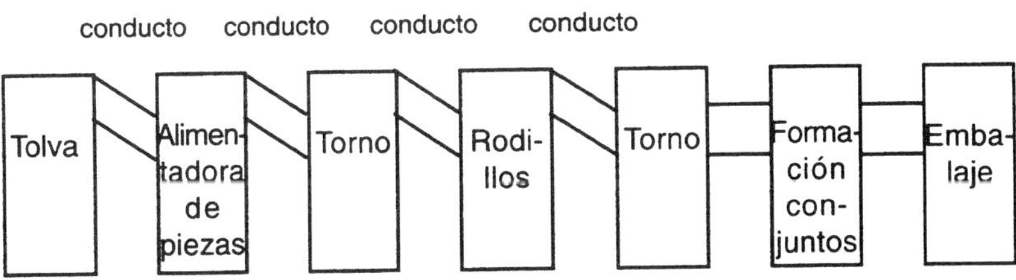

Figura 38. La automatización fácil conduce a accidentes

¿Es peligroso que las máquinas arranquen con un toque?

En Toyota, usamos el método de arranque con un toque en las máquinas de estampación de metal y en otras. En la mayoría de los talleres de mecanizado, esta práctica existe desde hace tiempo. Han mantenido la noción de que una sola persona puede atender a cierto número de máquinas. Han pensado sobre esto cuidadosamente, y tienen confianza en la seguridad de la operación.

Se pierde el mérito de tener una persona para manejar cierto número de máquinas si el arranque de una máquina de estampación de metal exige emplear ambas manos para pulsar el botón del punto muerto inferior. Naturalmente, esto es por que se despilfarra el tiempo invertido. Además, debemos añadir el tiempo necesario para pasar de una máquina a otra. ¿Porqué es necesario usar ambas manos para pulsar ese botón? Pues meramente para cumplir la normativa de la Ley de Salud y Seguridad en el Trabajo del Japón. La ley exige que «las máquinas tales como las de estampación de metal deben estar provistas para asegurar que ninguna parte del cuerpo del trabajador entre el área de peligro mientras estén en movimiento correderas o herramientas de corte. Sin embargo, esta provisión no se aplicará si las máquinas de estampación tienen mecanismos que paren automáticamente las correderas y herramientas de corte cuando una parte del cuerpo entre en el área de peligro». El mecanismo de pulsación del botón con ambas manos se conforma en parte a esta previsión, pero solo en la letra. El mecanismo no es satisfactorio. No tiene valor para el caso de proximidad de un tercero, a menos de que esté presente el operario de la máquina.

El método de arranque de un toque no es erróneo. Pero estructuralmente la máquina no es adecuada si, cuando una parte del cuerpo de una persona entra en la zona de peligro, no hay un mecanismo adecuado que pare la máquina.

Es perfectamente seguro tener un botón de arranque de un toque si la máquina contiene un mecanismo que la pare inmediatamente cuando una parte del cuerpo del trabajador entre en zona peligrosa, o si hay otro mecanismo que pare la máquina (que se activa con el botón de arranque) si una persona se acerca demasiado. Pero estos mecanismos de seguridad deben ser aún operativos cuando la máquina misma se averíe. Por supuesto, lo mejor es que ninguna parte del cuerpo del trabajador entre en ninguna parte de la máquina mientras esta trabaja.

Este planteamiento se ha venido aceptando gradualmente en las líneas de corte de chapa y de soldadura automática. En un ejemplo, los cables se dispersaban por debajo del cierre de una prensa de recorte de chapa de 250 tons; si cualquiera tocaba los cables, un sensor de límite se activaba parando la máquina. O se coloca un caballete en el lateral de una soldadora automática; si una persona tropieza o se asienta en el caballete, la máquina no opera. En ambos casos, los botones de arranque se han cambiado a favor del sistema de un toque.

Estos son aún medidas preliminares. Si pueden mejorarse y hacerse aplicables a otros casos, todos los botones pueden cambiarse y convertirse en sistemas de un toque.

Cuando asumimos esta línea de pensamiento, descubrimos que hay muchos modos mas racionales y seguros de hacer las cosas cuando volvemos a lo básico. ¿Con cuánta frecuencia olvidamos esto y pensamos que la búsqueda de seguridad perjudica la racionalización del trabajo?

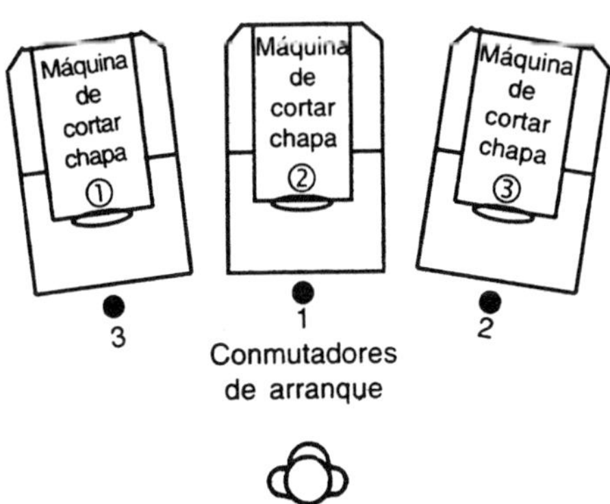

Figura 39. Un trabajador que maneja tres máquinas de cortar chapa

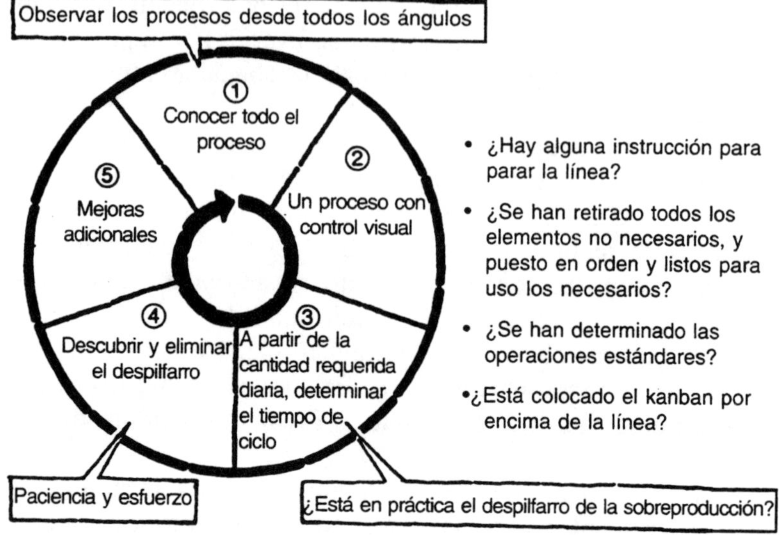

Figura 40. Ciclo de control de un supervisor

Papeles de los supervisores en los lugares de trabajo

Se dice: «Una reducción del 10 por ciento en el coste es equivalente a un aumento de ventas del 100 por cien». La reducción de costes es extremadamente importante en cualquier industria. Si somos negligentes en estas actividades, los pilares de apoyo no se asentarán sobre su verdadero fundamento.

Los supervisores que promueven estas actividades hacen contribuciones significativas a la compañía. Reconociendo esto, el sistema Toyota provee una herramienta analítica que se muestra en la figura 40.

Recorriendo este ciclo de control, ¿cómo puede un supervisor realizar actividades de reducción de horas-hombre que sean consistentes con las metas de la compañía? ¿Con qué estructura mental y con qué acciones?

Hay dos funciones básicas para un supervisor. Una es asegurar la cantidad requerida y la calidad de la producción. La otra es involucrarse en actividades de mejora para la reducción de las horas-hombre.

Los dos papeles básicos pueden parecer contradictorios, puesto que por una parte un supervisor debe asegurar la cantidad y calidad, y por el otro debe hacerlo con un mínimo de trabajadores y equipo. Las dos tareas no son fáciles. Si el supervisor pone demasiado énfasis en asegurar la cantidad, puede no permitirse parar la línea. Esto puede conducir a un incremento en el número de los trabajadores, y en equipos y almacenajes, lo que significa que los costes subirán, y sus esfuerzos terminarán frustrando las metas de la compañía. Por tanto, el supervisor debe aprender a mover su línea en las dos direcciones requeridas.

Control de anormalidades

¿Cómo puede un supervisor fabricar productos que puedan satisfacer las necesidades de calidad, cantidad y coste? ¿Cuáles son los medios concretos disponibles para mejorar su línea?

Hay muchas cosas que pueden ser objeto del control de un supervisor. Para nombrar algunas: trabajadores, asignaciones de trabajos, enseñar a los trabajadores a hacer las cosas, cumplir y cambiar los planes de producción y calidad, equipos, seguridad, almacenaje, preparación de materiales y equipos. Está disponible una amplia variedad de métodos de control, pero si intenta hacerlo todo, necesitaría cien horas al día.

En el sistema Toyota, todo está estandarizado, y el sistema pone de relieve solo las cosas que se apartan de los estándares establecidos. En otras palabras, enseñamos a los supervisores a actuar en el *control de anormalidades.*

En el entorno de trabajo, la estandarización implica determinar las operaciones estándares y hacer que cada uno las observe. En lo que se refiere a materiales y almacenaje, la estandarización se concreta en definir claras direcciones y señalizaciones para la cantidad y sitio de almacenaje. En lo que se refiere a instrucciones de realización del trabajo, significa usar el kanban; y en cuanto a la seguridad, significa establecer instrucciones de manejo. Una vez que estas reglas están establecidas, los trabajadores deben observarlas.

Una vez que los lugares de trabajo están organizados de esta forma, los supervisores pueden prestar una atención mas estricta a los asuntos que se apartan de las reglas. Pueden asumirlos como problemas a resolver, aceptando así el papel mas importante de los que le corresponden. Alcanzan así su punto de control, reconociendo claramente los deberes de un supervisor.

Lo que en primer lugar debe hacer el supervisor es organizar su línea limpiamente. En términos concretos, esto implica establecer categorías de estándares, asignar lugares para almacenar materiales y piezas, determinar la cantidad, implantar el kanban, e instalar botones de llamada, botones de parada y luces de aviso (*andon*).

Después de mostrar las reglas a los trabajadores y enseñárselas, el supervisor debe observar cómo se ponen en práctica estas reglas y qué efecto tienen en las operaciones del lugar de trabajo. Si se producen efectos inesperados con los que no se cumplen las expectativas pretendidas, debe revisar inmediatamente los estándares.

En esta coyuntura, una consideración importante es ser capaz de diferenciar entre los fenómenos normales y los anormales. A pesar de haber implantado una estandarización cuidadosa, si no pueden encontrarse las anormalidades, o si después de encontradas actúa como si no existieran, entonces el supervisor no cumple con sus responsabilidades.

Hay que asegurar que cada uno entienda y piense sobre lo que es anormal. Los ojos que han captado anormalidades han dado ya un sólido primer paso hacia la mejora.

Veamos, por ejemplo, algunos casos de problemas y soluciones.

El trabajador A parece tener tiempo libre disponible. Esto sucede cada día. Puede tener detrás de él una gran pila de piezas producidas y almacenadas, o puede estar empezando a hacer trabajo no requerido de acuerdo con las operaciones estándares. Todas estas son anormalidades. El trabajador A no tiene suficiente trabajo que hacer.

Por otra parte, el trabajador B no puede terminar su trabajo en el tiempo previsto. Para la línea. Pasa por alto algún trabajo y produce material defectuoso. Estas son también anormalidades. B tiene demasiado trabajo. Si A puede hacer bien el trabajo de B en el tiempo asignado, significa que el supervisor no ha enseñado bien a B.

El trabajador C pone sus manos en algunos mecanismos de un proceso automático para ayudarlo (sin embargo, esto está naturalmente fuera de las operaciones estándares). Esto es anormal. Cuando se investiga el asunto, se encuentra que las plantillas son inestables y que, si mantiene fuera sus manos, se producen defectos. El supervisor debe llamar inmediatamente a un ingeniero o técnico de mantenimiento para corregir esto.

Detrás de la línea, hay un producto sin kanban. Esto es también anormal. Alguna de las siguientes razones pueden explicar esto: el tiempo de ciclo se ha establecido erróneamente y el producto sale de la línea demasiado pronto, todos los trabajadores tienen demasiado tiempo libre disponible, o el proceso siguiente ha dejado de extraer piezas por que le ha sucedido algo. En cualquier caso, es una ocurrencia seria que no puede pasarse por alto.

Para el supervisor que establece las operaciones estándares, todas estas son anormalidades. Sin embargo, las causas no son difíciles de encontrar, y pueden ser algunas de las siguientes: las operaciones estándares son irrazonablemente difíciles, hay piezas o materiales defectivos, o las instalaciones son inadecuadas.

Cuando se para la línea, o cuando se producen defectos, es fácil ver las anormalidades ocurridas, puesto que todas ellas se relacionan con la calidad o la cantidad. Pero hay otras anormalidades, causadas por pequeños despilfarros aquí y allá, o por infracciones minúsculas de las operaciones estándares, que fácilmente se pasan por alto, y que pueden considerarse como solo de importancia secundaria, que con todo son aún factores culpables que contribuyen a elevar los costes. Todas estas anormalidades pueden tratarse como indicadores importantes del proceso de las actividades de mejora y de reducción de costes. Por pequeña que sea una anormalidad, no puede pasarse por alto.

El papel del supervisor es circular a través del ciclo: estandarización → descubrimiento de anormalidades → investigación de causas → mejora → estandarización. Recorriendo el ciclo una y otra vez, será capaz de satisfacer al mismo tiempo las aparentemente inconsistentes funciones de aseguramiento de calidad y cantidad, por un lado, y reducción de costes, por el otro.

Cuando es Vd. supervisor

Hay varias condiciones necesarias para realizar adecuadamente la tarea de supervisor.

Lo primero es siempre *observar lo que sucede en el lugar de trabajo*. Si un supervisor no visita la línea y no muestra interés en lo que sucede allí, esto por sí solo indica que está fallando; con esta actitud está diciendo que no puede verificar los estándares que él mismo ha establecido. Por supuesto, no será capaz de diferenciar entre lo que es normal y lo que es anormal. ¿Cómo puede esperarse que se involucre en actividades de mejora?

Lo segundo es *controlar y guiar bien a sus subordinados*. Esto significa impulsar que hagan lo que deben hacer y educarles hacia ese fin. Esto no es exactamente hacer que los subordinados se sientan a gusto, ni por otro lado dejar de lado su participación en el establecimiento de estándares. Este no es un buen modo de establecer una buena relación humana. En el futuro, uno de los subordinados sucederá al supervisor. Este debe enseñarles, entrenarles para las finalidades del trabajo y tratar de hacerles crecer de forma que algún día lleguen a ser supervisores. Solo de este modo, el supervisor actual puede llegar a ser un verdadero «padre» de los trabajadores.

En el modo de pensar de Toyota, a menudo planteamos esta cuestión: «¿Ha pedido alguien este stock, o se ha creado por sí solo?» Tenemos materiales, instalaciones y trabajadores. Pero llegan momentos en que no debe producirse nada. El supervisor debe ser capaz de decir a sus subordinados cuando deben parar y cuando arrancar. Esta habilidad para guiar y controlar es una parte esencial del oficio de supervisor.

La tercera condición necesaria es *tener una amplia perspectiva y rendir juicios beneficiosos para la compañía en su conjunto*. Aunque un paso pueda ser efectivo para mejorar el propio proceso, si afecta adversamente al proceso precedente o al siguiente, o si hace necesario enviar un trabajo difícil a un subcontratista externo, entonces no puede considerarse como un paso efectivo de mejora.

Cada supervisor de una línea debe considerarse director de ella. Debe tener una amplia perspectiva, presto a pensar en términos del beneficio global de la empresa.

Después de haber trabajado intensamente en la mejora y la estandarización, un supervisor que pueda decir «preferiría que se me asignase otro trabajo» es sin duda un gran supervisor. ¡Ha educado a la línea de modo que pueda funcionar sin él!

El supervisor es un elemento esencial

A menudo, se nos plantea la siguiente cuestión: «¿Es bueno o malo que un supervisor pase gran parte de su tiempo en la línea?» La respuesta del sistema Toyota es: «No es bueno estar en la línea todo el tiempo, pero no es correcto si no está allí con frecuencia».

Figura 41. El supervisor es esencial

Si un supervisor pasa todo su tiempo en la línea, diferirá poco de un trabajador regular. No será capaz de realizar las importantes tareas de dirigir, hacer mejoras y proveer educación y entrenamiento. Pero incluso así, no puede liberarse totalmente de la línea, a menos de que haya exceso de personal. Si ha estado constantemente promoviendo la eliminación del despilfarro, es natural que haya veces que deba estar en la línea.

No debe sentirse nunca forzado a entrar en la línea. La actividad de mejora para la reducción de las horas-hombre es una de sus tareas mas importantes. El supervisor debe compartir esto con el alejamiento de las operaciones de la línea para familiarizarse con el cuadro global de las operaciones. Procede así por que tiene que involucrarse en las actividades de mejora. Para promover la mejora, debe conocer a fondo la facilidad o dificultad de una tarea dada; y debe estar profundamente familiarizado con cada procedimiento. Siempre hay despilfarro, desequilibrios, e irracionalidad que no pueden identificarse mediante una observación superficial.

Para enseñar a los subordinados, cambiar la secuencia de trabajo para implantar la forma que ve mas eficiente y descubrir incluso el despilfarro, desequilibrio e irracionalidad mas minúsculos, debe a veces permanecer en la línea. Cuando un trabajador está ausente, el supervisor tiene una oportunidad para estar en la línea para ayudar y observar discretamente de modo directo.

La actitud que asume el supervisor es un apoyo importante cuando permanece en la línea. ¿Se siente en situación forzada haciendo esto? ¿Desea descubrir cosas que puedan mejorarse? A fin de cuentas, estas diferencias de actitud constituyen un factor crucial. Un supervisor que estima de modo positivo su propia acción en la línea puede realizar mejoras. Puede también prevenir que el trabajo se desarticule cuando está ausente un trabajador veterano.

Es por tanto de razón sugerir a los supervisores que cuando se les presente una oportunidad, entren en la línea. Deben participar en su trabajo con una actitud de amplias miras, deseando siempre aprender y mejorar. Después de todo, la dirección empieza en los lugares de trabajo.

APENDICE A
PLANIFICACIÓN DE LA PRODUCCIÓN QUE CONECTA TOYOTA MOTOR CON FABRICANTES DE PIEZAS Y DISTRIBUIDORES

La relación entre los distribuidores y los fabricantes de automóviles

Cuando los fabricantes de automóviles utilizan información suministrada por sus distribuidores en la preparación de sus planes de producción, hay generalmente dos pasos en la planificación de la producción:

- generación de un plan básico de producción de vehículos acabados y una tabla de suministros de piezas, y
- generación de un programa de entregas de vehículos terminados y de un programa de secuencia para cada tipo de vehículo.

Este capítulo está adaptado del artículo de Yasuhiro Monden, «Building of a New Production Management System That Links Sales Companies, Manufacturers, and Parts Suppliers», publicado en *Production Management* (Japan Management Association), enero, 1986.

Plan básico de producción y tabla de suministro de piezas

Este paso empieza con un estudio de los programas de ventas. Estos incluyen los planes de ventas nacionales e internacionales. Una vez al mes, los distribuidores envían a la división de ventas domésticas una previsión de demanda de tres meses para cada línea de vehículos. La división de ventas analiza estos datos en función de categorías generales y de líneas o modelos mas específicos. Mientras tanto, la división de ventas internacionales recibe proyecciones mensuales de distribuidores del extranjero para los tres meses siguientes, sometiendo estos datos a los mismos análisis que hemos señalado para las ventas domésticas.

A continuación, la división de dirección de producción estudia los informes de ventas, coordina consecuentemente su capacidad de producción, y prepara un plan de producción para tres meses. El volumen de vehículos a fabricar en el primer mes se divide en números de producción diaria para las líneas de montaje de cada modelo. Esta asignación, realizada para alisar la producción, básicamente no implica mas que promediar el volumen mensual entre el número de días de operación. El plan de producción resultante se denomina «programa maestro de producción».

Las categorías amplias son combinaciones de especificaciones de componentes tales como tipo de carrocería, tipo de motor (p. ej., potencia, tipo de fuel, etc.), tipo de transmisión y nivel de vehículo (lujo, deportivo, rango medio, etc.).

A continuación, la división de dirección de producción partiendo del programa maestro de producción y de las listas maestras de materiales, genera las listas de materiales necesarios, conjunto denominado «plan de requerimientos de materiales» (MRP).

Utilizando los datos de este MRP, el fabricante informa del programa a fábricas y subcontratistas. Esta notificación se denomina «tabla de aprovisionamiento de piezas». Sin embargo, como veremos posteriormente, los fabricantes de piezas no pueden esperar producir exactamente las cantidades de piezas indicadas en estas hojas de datos. Mas bien, su producción y entregas se regirán por las cantidades de piezas y materiales indicadas en las instrucciones diarias aportadas por los kanbanes. En este caso, el MRP es meramente una estimación de trabajo para propósitos de planificación.

Programa de entregas y programa de secuencia

Esta fase de la planificación de la producción desarrolla la generación de las órdenes diarias de producción.

Primero, los distribuidores de automóviles remiten un pedido para diez días. Para hacer esto, cada distribuidor prepara un pedido final, dividido en categorías basadas en especificaciones finales, que cubre un periodo de diez días; este pedido se emite dentro de la estructura del programa maestro de producción. El distribuidor emite por fax este pedido a la división de ventas del fabricante con siete u ocho días de anticipación. Las especificaciones finales contienen los tipos de especificaciones generales descritos anteriormente, mas los detalles referentes a las elecciones de equipos opcionales y los colores interiores y exteriores.

Segundo, la división de producción determina los volúmenes diarios de producción para cada fábrica y cada línea de ensamble, basándose en estos pedidos de diez días. Esto se convierte en el programa maestro de producción revisado. Se emiten entonces programas de entregas (véase figura 42) a los distribuidores. Se necesitan aproximadamente dos días entre la recepción de pedidos para diez días y la emisión de programas de entregas.

Pedido número ＼ Mes y día	Junio									
	1	2	3	4	5	6	7	8	9	10
XXX (Blanco)	●					•				
XXX (Rojo)			●					•		
XXX					●				•	

Figura 42. Programa de entregas

Tercero, los distribuidores están capacitados para informar a la división de ventas diariamente de cambios (dentro de un rango de aproximadamente el 10 por ciento) en sus pedidos de diez días, basándose para ello en las demandas actuales de clientes. Por ejemplo, mientras el programa de entregas mostrado en la figura 42 indica que un vehículo blanco tendrá que entregarse el día 1 de junio, esto podría cambiarse a un vehículo rojo. Estos cambios se denominan simplemente «cambios del distribuidor» y deben recibirse por el fabricante cuatro o cinco días antes de la fecha de terminación del vehículo acabado.

Cuarto, la división de dirección de producción envía a las fábricas revisiones del programa maestro de producción que incorporan estos cambios del distribuidor. Esto se hace tres días antes de la fecha programada para la terminación del vehículo.

Quinto, la división de dirección de producción envía instrucciones a las fábricas para redactar los programas de secuencias de producción. Esto se hace un día y medio antes de la fecha de salida de los vehículos terminados de la línea. Como consecuencia del gran número de piezas involucradas y la gran longitud de los programas de secuencias, Toyota remite sus programas en cinta magnética a los suministradores de piezas y componentes importantes, mientras envía en papel sus programas a los proveedores de pequeñas piezas. A continuación, Toyota imprime etiquetas, tales como la mostrada en la figura 16 (página 94), con la información obtenida de los programas de secuencias. Estas etiquetas se adhieren a los vehículos al principio de cada línea de montaje para información de los trabajadores mientras ensamblan los vehículos.

El sexto y último paso se refiere al uso de kanbanes para la extracción y producción de piezas, pero este paso trata solamente de las piezas y componentes que no son objeto del programa de secuencias. Esto se ha examinado en detalle en el Capítulo cinco.

Sistema de información «on-line» con distribuidores

Como he mencionado, los distribuidores comunican sus pedidos para diez días y los cambios siguientes a los fabricantes mediante telex. Este sistema permite a Toyota mantener el periodo de entrega (entre la recepción de los pedidos para diez días y la entrega de los vehículos pedidos) dentro de un rango de tres semanas a dos meses, dependiendo de la distancia geográfica. Excluyendo el periodo de transporte, el intervalo entre la recepción de los pedidos para diez días y la salida de vehículos de las líneas de montaje se mueve entre once y veintiun días; desde la recepción de cambios de los distribuidores a la salida de las líneas de montaje transcurren aproximadamente cinco días.

Para acortar mas estos periodos y responder así mas rápidamente a las demandas de clientes, Toyota ha creado una red de información «on-line» para procesar diariamente pedidos y cambios de distribuidores. Una vez que esta red esté en operación, los periodos de entrega podrán reducirse en varios días y se reducirán las probabilidades de que los distribuidores tengan que hacerse cargo de stocks en exceso. Lo que se intenta con esto es la aplicación del concepto «just-in-time» a la fase de distribución.

Esta red utiliza una nueva ruta de cable de fibra óptica que Nippon Telephone and Telegraph (NTT) ha construido a través de todo el Japón. El sistema de Toyota empleará dos ordenadores centrales — uno en la oficina central, en Toyoda, y otro en Nagoya — que estarán conectados con ordenadores y terminales de todos los distribuidores para facilitar la actualización diaria de las condiciones de los pedidos y otra información. Se espera que este sistema ayude a establecer un sistema de producción que responda mas rápidamente a los pedidos y que acorte adicionalmente los periodos dc cntrcga.

Originalmente, esta red se ha desarrollado con la cooperación de las cuatro principales compañías de ventas japonesas de Toyota — Tokyo Toyopet, Osaka Toyopet, Aichi Toyota Motor, y Kanagawa Toyota Motor — que han hecho grandes progresos en la creación de sus propias redes internas. Gracias a estas compañías, todas las tareas de pedidos de los modelos de lujo «Corona» de Toyota, han estado «on-line» desde enero de 1986, y gradualmente este sistema se ha estado extendiendo a todos los distribuidores del Japón para el resto de modelos de Toyota.

Tabla de aprovisionamiento de piezas

Cada mes, el fabricante de automóviles envía programas de producción para tres meses a sus suministradores de piezas. Estas tablas de aprovisionamiento de piezas (véase figura 43) incluyen un registro diario («suministro diario») de piezas suministradas en el mes mas reciente. Contiene también información de pedidos de piezas para los dos meses siguientes, pero éstos números están sujetos a cambios.

Además, varias veces cada mes, se calcula la diferencia entre el volumen corriente de producción y el registrado correspondiente al mes previo, y esto se utiliza como medio para hacer un ajuste fino de los periodos de entrega con el sistema kanban.

Aunque el sistema kanban de Toyota se ha descrito muchas veces, se ha escrito muy poco sobre sus tablas de aprovisionamientos de piezas. Los fabricantes de automóviles usan estas tablas para notificar a los suministradores de piezas la siguiente información cuantitativa para cada tipo de pieza (elemento número) (véanse figuras 43 y 44):

1. En el elemento C, por ejemplo, la tabla contiene los siguientes totales numéricos:
   a. Total elementos extraídos en mayo: 1.600
   b. Total trabajo en proceso en junio: 1.600
   c. Total trabajo en proceso en julio: 1.700
   (Los números de junio y julio no se han incluido en la figura por limitación de espacio).
2. Se indica el número de piezas en cada contenedor (cada contenedor = 10 piezas).
3. También se lista el número promedio de contenedores suministrado cada día desde 1 a 31 de mayo. En el caso del elemento C, se entregaron cero contenedores en fines de semana y fiestas (en mayo, días 3, 4, 5, 11, 12, 18, 19, 25 y 26). Calculando el promedio, dividiendo el total de contenedores suministrados en el mes entre 22 días de trabajo, llegamos a 7 contenedores por día (1.600 piezas ÷ 10 piezas por contenedor ÷ 22 días), lo que da una falta de 60 piezas. Si cubrimos estas 60 piezas produciendo 8 contenedores por día en vez de 7, esto produce un exceso de 160

Cliente: Compañía X   Tabla de aprovisionamiento de piezas (Mayo)   Terminado: 22 abril 1988

	Entregas (veces)			Kanbanes utilizados	+ - kanbanes usados en entregas corrientes y anteriores	+ - contenedores por día (10 piezas por contenedor)							Pedidos extraídos en mayo
	Día	Veces	Después*			1	2	3	…	29	30	31	
Pieza A	1	14	3	4	−1	8	8	0		8	8	8	1.718
Pieza B	1	14	3	3	0	6	5	0		5	5	4	1.020
Pieza C	1	10	2	3	−1	7	7	0		7	7	7	1.600
Pieza D	1	14	2	19	3	44	44	0		44	44	44	9.761
Pieza E	1	14	3	2	−1	5	5	0		5	5	5	1.141
Pieza F	1	10	2	1	0	1	0	0		1	0	0	94

* «Después» denota el número del ciclo de entrega (ciclos «después») en el que se hará efectiva la entrega después de recibir el kanban de pedido. La notación en tres partes que indica día, frecuencia, y ciclos después (p.ej., 1-14-3) es una expresión comúnmente usada en Japón para los ciclos de entrega de piezas de un suministrador.

Figura 43. Tabla de aprovisionamiento de piezas

piezas. La solución es producir 7 contenedores por día de operación añadiendo un octavo contenedor cada tercer o cuarto día para cubrir la diferencia.

4. Ademas, la información relacionada con el kanban incluye lo siguiente:

a. Número de veces que se remiten kanbanes: en el caso de la pieza C, los kanbanes se remiten diez veces al día, y las piezas acabadas se envían usualmente para entrega dos ciclos después de que el suministrador recibe el kanban (véase la columna «después» en la figura 43). Este ciclo de entrega se expresa por 1-10-2 (véase nota en figura 43).

b. Número de kanbanes: se especifica el número total de kanbanes a usar para estas piezas por el fabricante de automóviles. Para la pieza C, se usan tres kanbanes.

c. Diferencia (mostrada en la figura 43 mediante un número positivo o negativo) en el número de kanbanes utilizados durante las entregas de piezas previas y corrientes. Para el ciclo de entregas del elemento C, una diferencia de «-1» significa que en el ciclo de entrega t, se suministran las piezas correspondientes a dos kanbanes, pero en el ciclo correspondiente al tiempo $t + 2$, se suministran solo las piezas correspondientes a un solo kanban (véase figura 44).

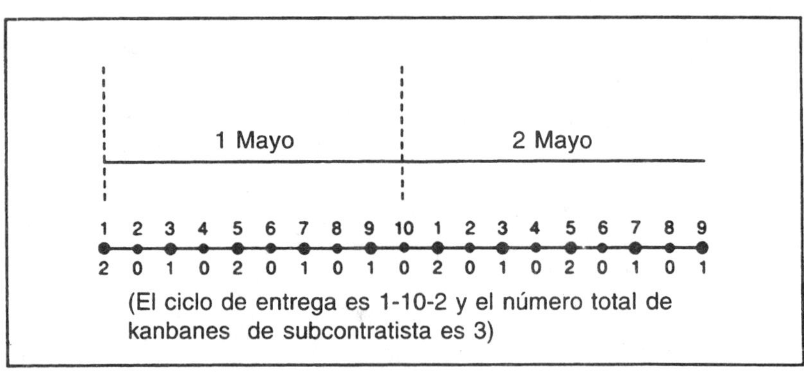

Figura 44. Ciclo de entrega y número de kanbanes por entrega

Planificación de la producción del fabricante de piezas

La planificación de la producción de los fabricantes de piezas de automóviles del Japón, puede dividirse en términos amplios en dos pasos. El primer paso consiste en la creación de un programa de producción estimado para el mes próximo basado en los datos de las tablas de aprovisionamiento de piezas aportadas por el fabricante de automóviles.

En el segundo paso, los fabricantes de piezas usan los kanbanes y los programas de secuencias facilitados diariamente por los fabricantes de vehículos, junto con las hojas MRP u hojas de pedidos confirmados (aprovisionamientos diarios) para preparar un programa de producción basado en pedidos que funciona como programa de producción diario. La figura 45 ilustra un ejemplo simple, descrito a continuación, del proceso de estos dos pasos.

Programa de producción estimado del fabricante de piezas

Desde el punto de vista del fabricante de piezas, las tablas de aprovisionamientos de piezas facilitadas por el fabricante de vehículos funcionan como programa maestro de producción (al menos para esas piezas).

Usando las tablas de trabajo en proceso contenidas en las tablas de aprovisionamientos de piezas, junto con las listas de piezas basadas en el MRP, el fabricante de piezas crea un plan de compras para sus propios subcontratistas y un programa diario de producción para los procesos internos de su propia fábrica. (Este proceso es exactamente el mismo que usa el fabricante de vehículos cuando aplica el MRP al programa maestro de producción).

Tomando como ejemplo un sistema relativamente simple, examinaremos como la compañía A, fabricante de juntas de aceite para automóviles y motocicletas (una empresa de tamaño mediano), prepara su plan de compras y programa de producción.

La compañía A aplica el MRP a las tablas de aprovisionamiento de piezas recibidas del fabricante de vehículos para generar tablas de pedidos de piezas a sus propios subcontratistas. Estas ta-

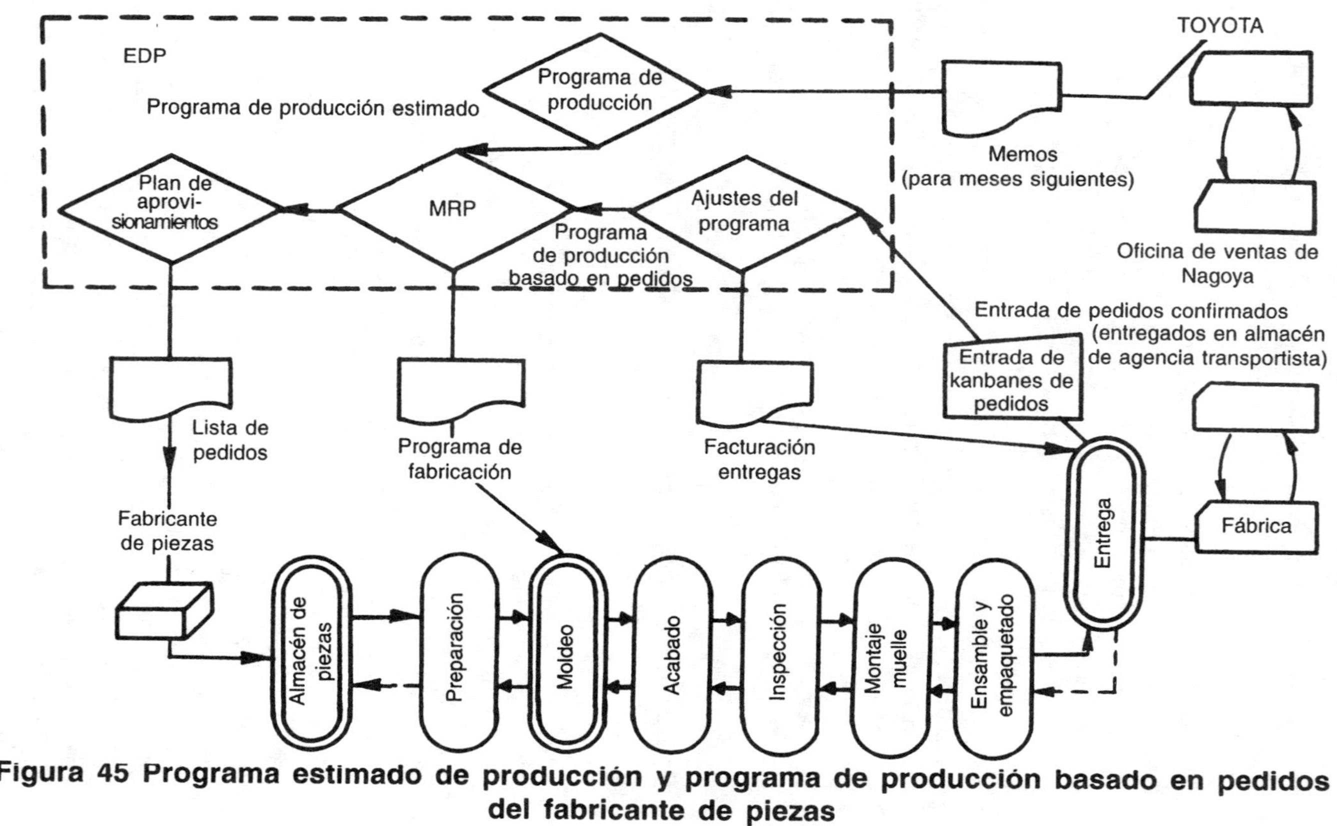

Figura 45 Programa estimado de producción y programa de producción basado en pedidos del fabricante de piezas

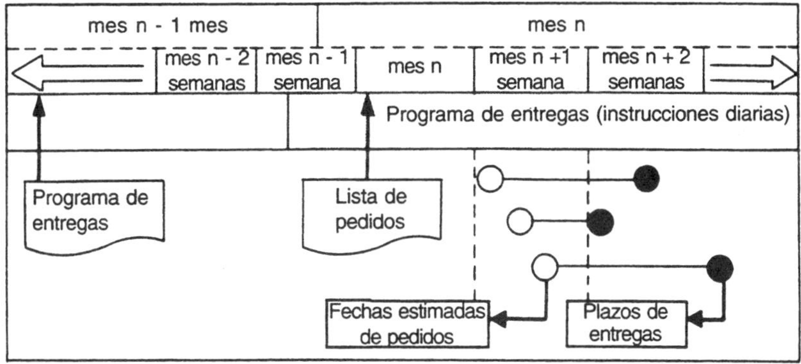

Figura 46. Relación entre generación de programa de entregas de piezas de proveedores y lista de pedidos

blas cubren periodos de un mes empezando en el día 10 de cada mes. Facilitan éstas a sus subcontratistas como programas diarios.

Cada lunes, la compañía A escribe una hoja de pedido de piezas subcontratadas que deben ser entregadas a la semana siguiente. El plazo de entrega de una semana para estos suministros significa que también los subcontratistas trabajan con periodos de entrega de una semana (véase figura 46).

A continuación, la compañía A aplica el MRP a las tablas de pedidos de piezas enviadas por el fabricante de vehículos para crear un programa de producción para su propia fábrica. El proceso principal de la compañía A es el moldeo, y por tanto este es el centro del programa. De modo similar a como el fabricante de vehículos notifica a la compañía A a través de las tablas de aprovisionamientos de piezas, la compañía A informa a sus subcontratistas diariamente de los materiales que necesita para el proceso de moldeo.

Si tomamos el plan de compras y el programa de moldeo descritos anteriormente como los correspondientes al mes *n*, estos programas empezarán en el mes *n-1*, basándose en la tabla de aprovisionamientos de piezas recibida del fabricante de vehículos después del día 20 del mes *n-2*. Los números contenidos en esta tabla de aprovisionamientos de piezas enviada por el fabricante de vehículos están sujetos a cambios en cualquier dirección de acuerdo con los pedidos confirmados recibidos durante el mes *n* mis-

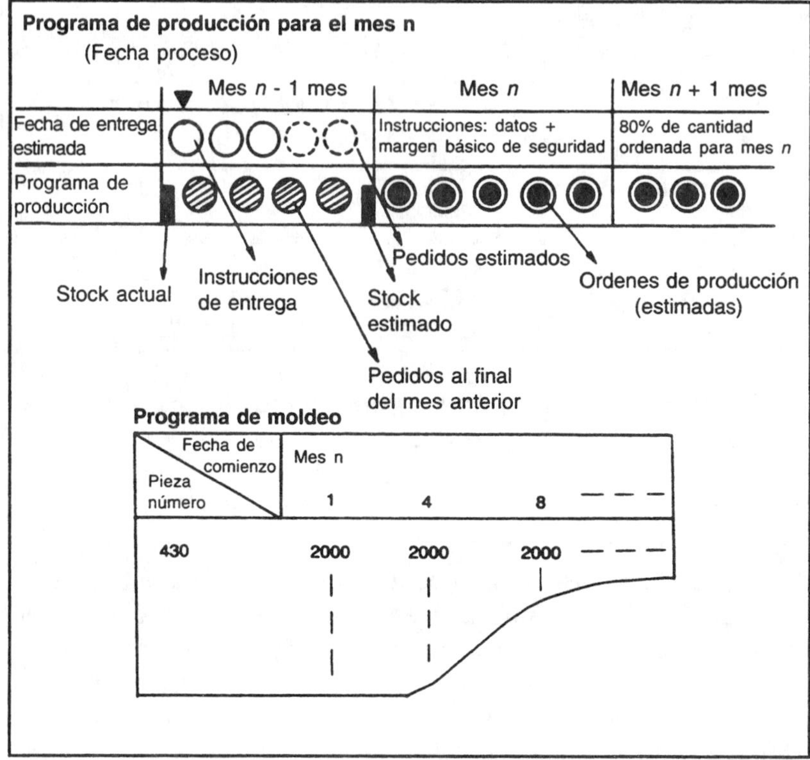

Figura 47. Relación entre programa estimado de producción para el mes *n* y fecha de generación de programa

mo; sin embargo, se puede decir con seguridad, que son precisos dentro de un margen del 20 por ciento (véase figura 47). Este margen de seguridad varía de un fabricante de vehículos a otro. En algunos casos, hay cambios de hasta un 50 por ciento.

Programa de producción basado en pedidos del fabricante de piezas

Usando el programa de producción estimado descrito, la compañía A prepara un programa de producción diario para el proceso de moldeo en el mes *n*. Como se muestra en la sección «Pro-

	Pasado	día 1	día 2	día 3	día 4	día 5	día 6
Entregas estimadas	2000	1800		500	3600	2000	1000
Estimación de producción	3325		3325		3325		
Disponibilidad máxima	(Stock actual) 500	25	3350	2850	2575	575	
Cantidad en déficit							425
Pedidos adicionales (no programados)							3500

Nota: Num. de unidades = 3.500
Tasa de rendimiento = 95 %

Figura 48. Plan de compensación para déficits de producción basado en pedidos confirmados

ducción estimada» de la figura 48, la producción de estas piezas se ha dividido en lotes de 3.325 unidades cada uno, produciéndose un lote cada dos días. Los pedidos confirmados para el mes n proceden de clientes después del día 20 del mes previo (n-1). Estos pedidos confirmados llegan en una tabla de aprovisionamiento de piezas tal como la mostrada antes en la figura 43. Si el fabricante de vehículos usa solo el MRP como base para escribir estas instrucciones de producción, en principio estas serán las instrucciones finales. El número MRP se muestra en la sección «estimación de entregas» de la figura 48.

Como resultado, habrá un déficit de producción de 425 unidades en el sexto día del mes n. Por tanto, se programará una orden adicional para un lote de 3.500 unidades en el sexto día.

En este caso, se emite cada martes un programa de producción para un proceso de moldeo o de ensamble para la siguiente semana, y la fecha de terminación es la semana posterior (véase figura 49). En la compañía A, los planes de compras y los programas de moldeo se generan cada dos semanas usando el MRP, y su margen de tolerancia es tres días.

En el ejemplo que acabamos de describir, asumimos que los pedidos confirmados de clientes vienen después del día 20 del mes previo al mes n (p. ej., n-1), pero a menudo los clientes emiten los pedidos confirmados finales diariamente durante el mes n

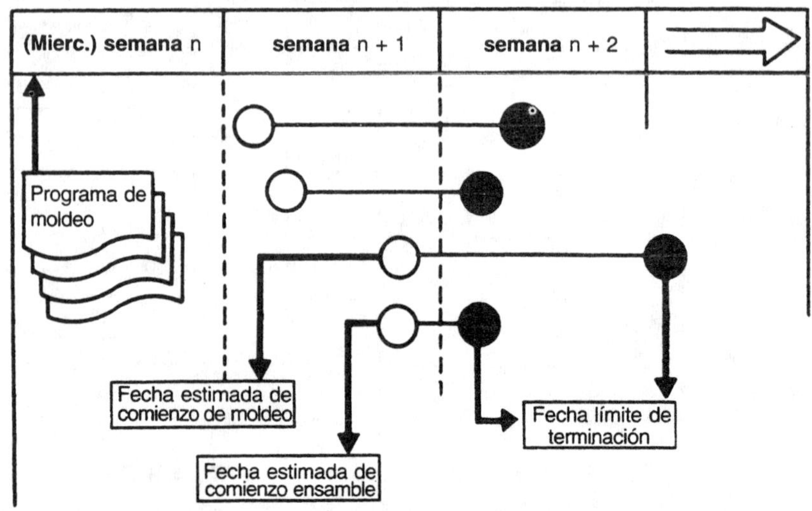

Figura 49. Programa de moldeo generado cada miércoles

utilizando kanbanes. En estas situaciones, la producción actual no puede exceder el número de kanbanes, puesto que se inicia enteramente mediante la información de los kanbanes.

Los kanbanes se entregan al proceso final de ensamble y, a continuación, los kanbanes circulan hacia atrás a los procesos anteriores. El movimiento de los kanbanes para cada grupo de productos, desde el ensamble hacia atrás hasta los procesos de moldeo, se verifica por un supervisor que registra cualesquiera discrepancias entre los volúmenes de producción basados en MRP y el número de kanbanes y asegura que los procesos de moldeo y ensamble no excedan el total conjunto indicado por los kanbanes (véase figura 45).

Aunque habría sido preferible para la compañía A emitir sus propios kanbanes de aprovisionamiento a los subcontratistas en función de los pedidos de clientes, sus subcontratistas no están preparados para manejar kanbanes. Esto significa que la compañía y sus suministradores no pueden acortar adicionalmente sus plazos de producción. En vez de esto, la compañía envía a sus subcontratistas las tablas de aprovisionamientos de piezas basadas en el MRP y las hojas de pedidos descritas anteriormente. Como resultado, mientras la compañía A mantiene un pequeño stock en sus procesos de moldeo y ensamble, tiene stocks en exceso en el almacén de piezas recibidas de subcontratistas. Esto podría provocar que algunos se planteasen si no es que el sistema kanban inevitablemente transfiere la carga del exceso de stock al final de la cadena de subcontratistas. Sin embargo, la contestación a este interrogante es nó.

Supongamos que la compañía A hace un uso limitado del sistema kanban. Si busca resolver este problema forzando el funcionamiento del sistema kanban sin tener en cuenta la capacidad de B, inevitablemente B tendría stocks en exceso, pero la compañía A no resolvería su problema de esta forma. ¿Porqué? Para aplicar el sistema kanban en sus propias instalaciones, la compañía A tiene que realizar una amplia gama de actividades de ajuste fino para acortar su propio plazo de producción. Como resultado, la compañía reduce su stock en todos los procesos desde el moldeo al ensamble. Respecto al problema potencial de los grandes stocks en los almacenes de los subcontratistas, la compañía A entendió incluso antes de adoptar el sistema de kanbanes de sus clientes, que en teoría y de hecho los stocks de los subcontratistas no tenían que ampliarse para acomodar la adopción del kanban por la compañía A. Por el contrario, la compañía A utiliza el MRP para minimizar los niveles de stocks de sus subcontratistas. Consecuentemente, el uso de kanbanes por la compañía A, en tanto no se fuerce y no exceda los límites de la capacidad del sistema de producción de A, no necesariamente transfiere la carga de los grandes stocks al subcontratista.

Red de comunicaciones que conectan los grupos de producción

Hemos visto que Toyota y sus distribuidores están creando un sistema de información «on-line». Toyota y sus filiales de producción y subcontratistas están trabajando en un sistema similar para la producción. Toyota está empleando ya el sistema de fibra óptica digital de altas capacidad y velocidad de NTT, que conecta Tokyo, Nagoya, y Toyoda, y planea ampliar su participación en líneas similares que conectan Tokyo con Sendai y Hokkaido, o Nagoya con Osaka, Hiroshima, y Kyushu. Usando estos sofisticados sistemas de comunicación, Toyota está conectando «on-line» su oficina central con todas sus fábricas así como con Nippon Denso y otros fabricantes de componentes y algunos de sus 316 distribuidores. Alrededor de 3.600 ordenadores quedarán conectados en esta red que se extenderá a través de aproximadamente 4.000 localidades de todo Japón. A largo plazo, Toyota planea conectar «on-line» con sus plantas de producción y compañías de ventas en el extranjero, bien vía satélite o por cable submarino.

La figura 50 ilustra el diseño de esta red de comunicación e información.

Adicionalmente, Toyota es un accionista importante en un competidor de NTT que está actualmente colocando cable de fibra óptica en la mediana de la autopista entre Tokyo y Kobe. Una vez que esté operacional este VAN del grupo Toyota, las tablas de aprovisionamientos de piezas y programas de secuencias no necesitarán pasar de mano en mano, sino que viajarán de un ordenador a otro.

Transporte de piezas

El sistema «just-in-time» de Toyota requiere que las piezas se entreguen con la frecuencia que sea necesaria. La idea inicial, muy discutida, de Toyota referente a cómo tratar los costes de transporte adicionales que se creaban como consecuencia de las frecuentes entregas, fue adoptar un «sistema de rondas de recogida de piezas con cargas mezcladas». Este era un sistema cooperativo en el que varios proveedores localizados en la misma área se turnarían, en la sucesión de ciclos de entrega, transportando y entregando no solo sus propias piezas sino también piezas y componentes que recogerían en las plantas de los demás proveedores del área. Sin embargo, en la práctica, los programas de entregas tendían a diferir entre proveedores así como entre los diversos tipos de componentes de un mismo proveedor. Esto planteaba serias dificultades al sistema de circuitos de transporte con mezcla de cargas.

Esta dificultad condujo a Toyota a modificar el sistema. Ahora, una compañía de transporte recibe las piezas de los proveedores y las almacena en sus propios almacenes hasta que son nece-

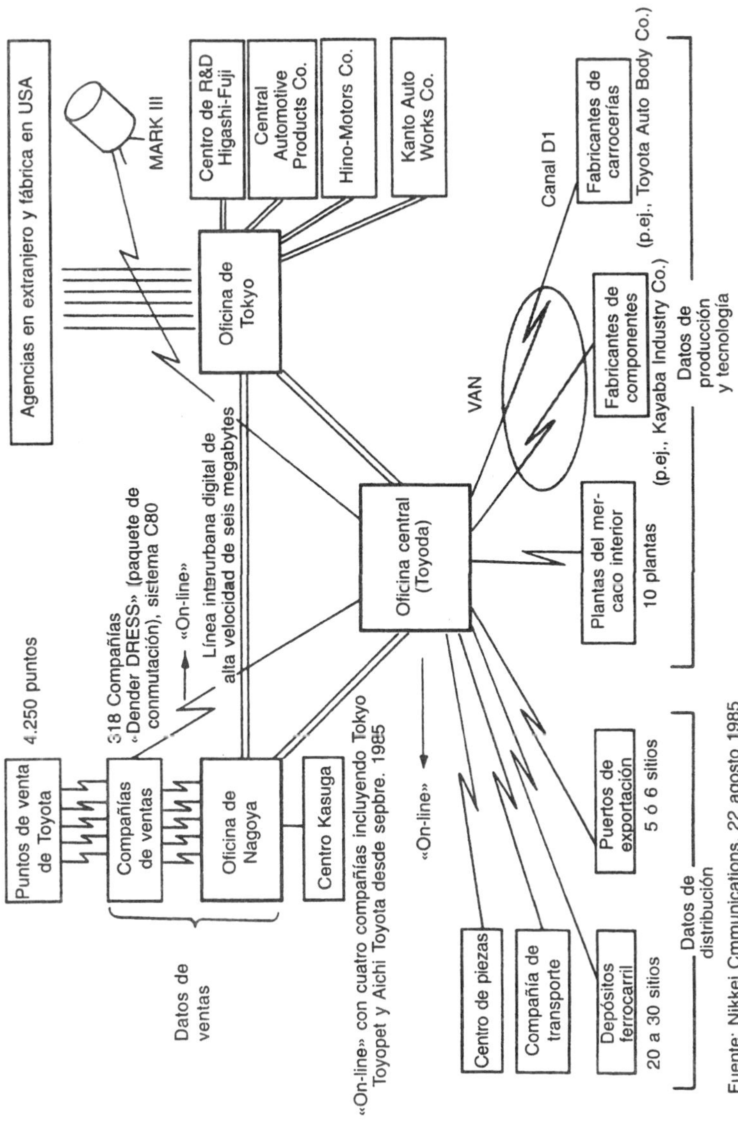

Fuente: Nikkei Cmmunications, 22 agosto 1985

Figura 50. Red de comunicación de datos de Toyota

sarias en la planta de Toyota. Estos almacenes están localizados cerca de las plantas de Toyota, de modo que la compañía de transporte puede suministrar piezas rápidamente, basándose en los kanbanes recibidos de Toyota cada hora.

El stock en los almacenes de la compañía de transporte consiste en no mas de uno o dos días de suministro. Por su parte, la compañía de transporte emite kanbanes para los subcontratistas. Como Toyota tiene nivelada su producción, la extracción de piezas en los diversos proveedores se hace a una tasa razonablemente constante, y el almacén intermedio de la compañía de transporte funciona mayormente como «buffer» para problemas del sistema de transporte.

La característica mas importante de este almacén intermedio es que acumula piezas de numerosos fabricantes de componentes. Es como una presa que acumula agua de varios pequeños arroyos. Esta presa contiene aprovisionamientos para solo uno o dos días, y hace una gran entrega a Toyota una vez cada hora.

APENDICE B
GESTIÓN DE TOYOTA EN SUS PLANTAS EN EL EXTRANJERO

LA PLANTA DE NUMMI

Un nuevo acuerdo con los sindicatos pavimenta el camino para la gestión flexible de la planta

Nex United Motor Manufacturing, Inc. (NUMMI), una sociedad conjunta de Toyota y General Motors, situada en Fremont, California, representa el primer intento de aplicar el sistema de producción de Toyota a la producción de automóviles en los Estados Unidos.

El acuerdo laboral entre NUMMI y el sindicato United Automobile Workers Union (UAW) no solo eliminó muchos de los obstáculos que habían encontrado previamente las compañías USA interesadas en aplicar el sistema de producción de Toyota, sino que también facilitó el establecimiento de la gestión flexible de la planta.

Vamos a examinar algunos componentes de NUMMI, empezando con información procedente de una conferencia de P.R. Thompson, anterior jefe de la división de gestión de la producción («The NUMMI Production System», en *1985 Conference Proceedings* de la American Production & Inventory Control Society, pp. 399-402).

NUMMI empezó a operar con un sistema en dos turnos completos en 1986. Emplea aproximadamente 2.500 trabajadores, con un 85 a 90 por ciento de trabajadores de planta que cobran por horas y pertenecen al UAW. El resto de empleados cobran salarios fijos y no pertenecen a ningún sindicato.

Los puntos principales del acuerdo laboral original fueron los siguientes:

1. Aunque el UAW generalmente divide los trabajadores del automóvil en 31 categorías profesionales distintas, NUMMI tiene dos divisiones principales para los trabajadores pagados por horas:
   a. División 1: trabajadores directos regulares
   b. División 2: trabajadores indirectos

   Dentro de estas divisiones, los trabajadores se clasifican como trabajadores no cualificados, trabajadores de mantenimiento general, trabajadores de mantenimiento de útiles y herramientas, o trabajadores de equipo generador de energía. Habiendo reorganizado las clasificaciones laborales en estas cuatro simples categorías, NUMMI puede transferir a los trabajadores a diferentes tareas dentro de su categoría, para hacer el trabajo que se precise.

2. Los empleados están organizados en equipos similares a los círculos QC característicos de las empresas japonesas. Cada equipo se compone de cinco a diez miembros, incluyendo un líder del equipo. Este líder del equipo tiene un papel similar al de un entrenador deportivo. Los líderes de equipo en las fábricas de Toyota en Japón son supervisores de primer nivel denominados *hancho*, y en NUMMI tienen un rango similar.

   Un supervisor sirve como líder de grupo para un conjunto de tres a cinco equipos y los líderes de equipo le informan a él. Los líderes de grupo son supervisores de primer nivel (forman parte del personal que cobra por horas) que, a su vez, informan a directores o adjuntos a directores.

   Es importante señalar que cada equipo hace una gestión autónoma: asume plena responsabilidad por su propia área de trabajo, incluyendo factores tales como la producción, calidad, coste, y seguridad. En otras palabras, el equipo establece sus propias metas y coopera para alcanzarlas. El líder del equipo es la persona que está mas cualificada en los diversos tipos de tareas realizadas por el grupo, y dotada de habilidad para motivar a los demás. Educa a los otros miembros del equipo, les apoya, toma notas sobre seguridad y educación, y ayuda al líder de grupo en las funciones directivas.

Todos los líderes de grupo y equipo (alrededor de 300 en NUMMI) han estado en Japón para educarse y entrenarse directamente en la planta de ensamble de Toyota, consiguiendo una sólida formación sobre el estilo japonés de dirección y el sistema de producción de Toyota. Además, Toyota envió alrededor de 200 empleados de sus plantas japonesas para trabajar como asesores en NUMMI. Estos empleados japoneses normalmente están de tres a cuatro semanas en NUMMI. Finalmente, veinticuatro directivos de Toyota trabajan como coordinadores en NUMMI para supervisar la aplicación del sistema de producción de Toyota.

3. Al contrario que en las situaciones convencionales que requieren negociaciones dirección-personal para cada revisión del sistema de producción o estándar de trabajo, este sistema de producción se adapta flexiblemente a la revisión de condiciones.

En este contexto, las actividades kaizen en NUMMI se realizan voluntariamente usando un sistema de sugerencias. Los trabajadores contribuyen individualmente con sus ideas, sin tener que consultar con mandos o líderes. Sus sugerencias abarcan una amplia gama de temas, desde las máquinas y los materiales a la asignación de trabajos y los métodos de producción.

Además, NUMMI estimula una cultura corporativa que mezcla aspectos americanos y japoneses para crear una atmósfera de confianza y respeto con mínimas barreras entre trabajadores y directivos. Ejemplos de como se practica esto son:

- las oficinas en NUMMI están en la misma planta y cada uno come en la misma cafetería
- no hay lugares de aparcamiento reservados; el aparcamiento se hace en el orden de llegada

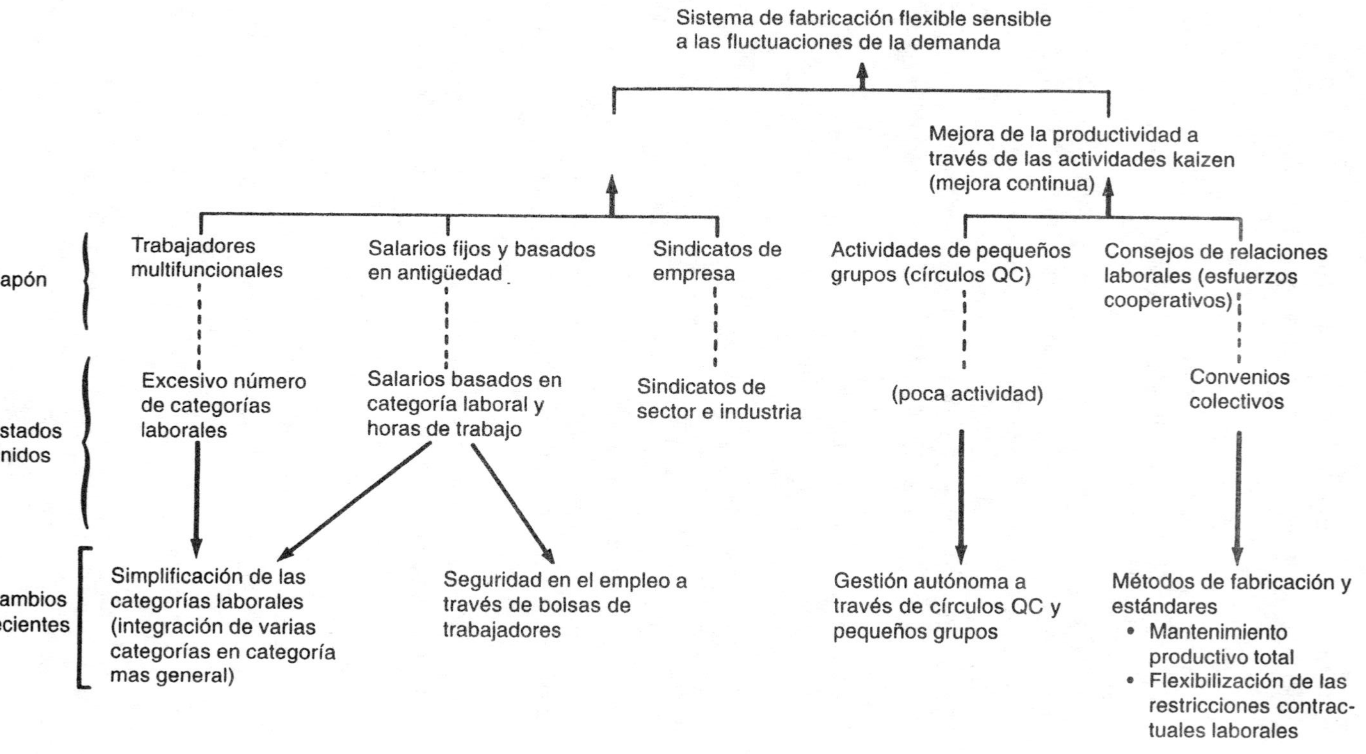

Figura 51. Comparación de las relaciones Dirección/Personal en Japón y USA

- trabajadores de fábrica y directivos llevan todos uniforme similar
- las instalaciones deportivas están instaladas en las plantas, lo mismo que las salas de conferencias y vestuarios de los equipos de trabajo. Los equipos hacen ejercicios de calentamiento al comienzo de cada turno.

Estos factores sugieren algo mas que una mezcla de los estilos japonés y americano. Mas bien, parece que establecen un fundamento para el sistema de producción de Toyota, estimulando el crecimiento de las raíces del estilo japonés: la activa participación de todos los trabajadores.

Para afirmar este fundamento, NUMMI además de ofrecer a sus empleados educación y orientación formales, estimula las reuniones diarias de los equipos. También patrocina clases sobre los conceptos característicos del sistema de producción de Toyota. Si está de visita, puede escuchar a trabajadores americanos usando términos japoneses de muchos de estos conceptos, tales como *jidoka* (automatización con tacto humano), *poka-yoke* (a prueba de fallos), *muda* (despilfarro), los «Cinco Porqués», *heijunka* (nivelación), *andon* (luces de aviso), kaizen y kanban.

El original acuerdo laboral de NUMMI es un audaz precedente para la industria del automóvil USA, que demuestra cómo puede flexibilizarse una planta. GM y otros fabricantes están ahora experimentando en sus instalaciones con este planteamiento basado en equipos. La figura 51 ilustra el estilo japonés de relaciones de dirección-personal, el estilo tradicional americano, y recientes cambios en el estilo americano en plantas como NUMMI.

«Just-in-time» en subcontratistas

¿Cómo gestiona NUMMI sus operaciones con subcontratistas? Y, mas específicamente, en su intento de implantar el sistema de producción de Toyota en un entorno norteamericano, ¿cómo coordina NUMMI la práctica de subcontratación de este sistema con las prácticas locales y las relaciones contratistas-clientes habituales en nuestro entorno? La figura 52 ilustra algunas diferencias básicas entre los sistemas de subcontratación japonés y americano, y la figura 53 las tendencias en USA.

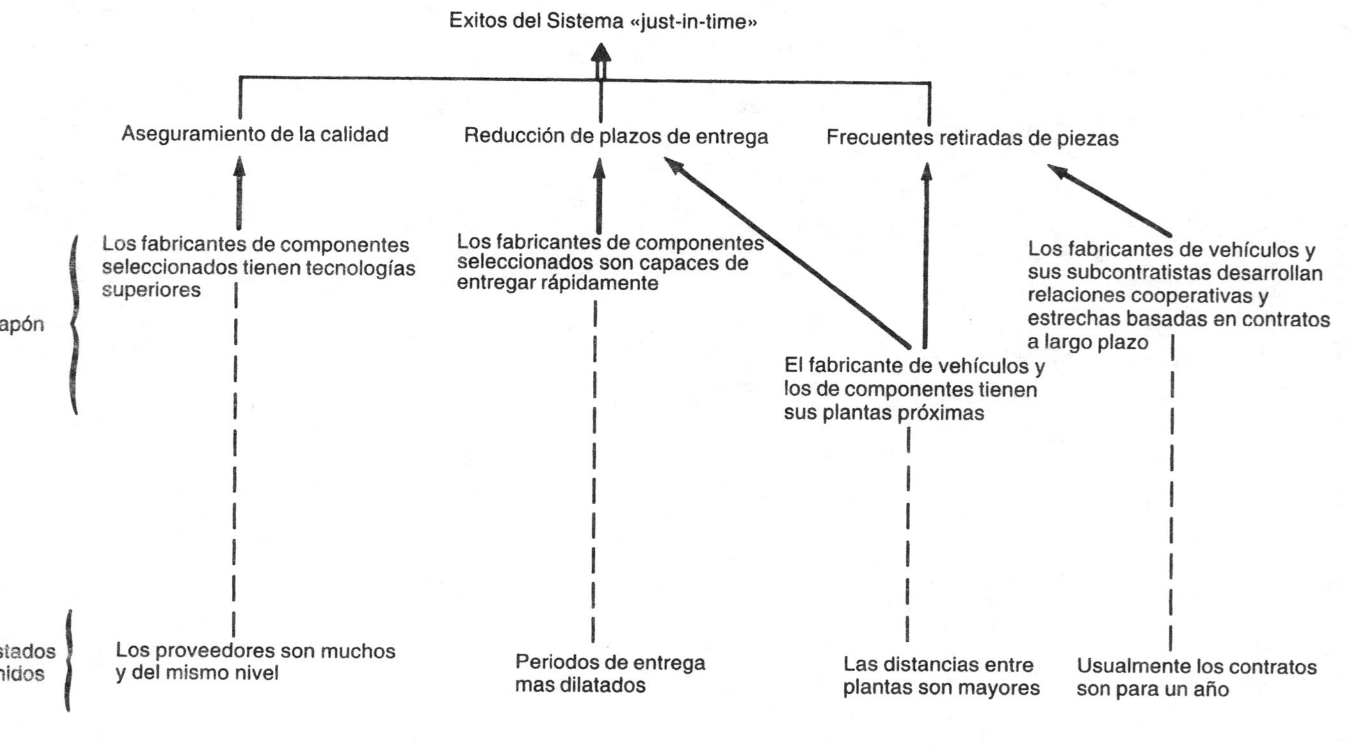

Figura 52. Comparación de las prácticas de subcontratación en Japón y Estados Unidos

1. Los fabricantes finales son mas selectivos y están seleccionando para tener menos proveedores de componentes.
2. Los periodos contratados se están alargando.
3. La proporción de proveedores domésticos está declinando (debido a importaciones de fabricantes de componentes japoneses).
4. Un mayor número de fabricantes de componentes se están situando cerca de las plantas de montaje de sus clientes (p.ej., en Buick City).
5. Los fabricantes de componentes se están agrupando en asociaciones regionales (p.ej., la Asociación Japan-GM).
6. Algunos fabricantes de componentes están produciendo éstos en respuesta a frecuentes pedidos pequeños (p.ej., los proveedores de NUMMI).
7. Los fabricantes de automóviles (clientes finales) están empezando a enviar grupos de asesores kaizen (mejora continua) a sus proveedores de componentes (p.ej., NUMMI).

Figura 53. Cambios en las prácticas de subcontratación en Estados Unidos

De las piezas y componentes usados en el montaje del modelo Chevrolet Nova que se produjo en NUMMI hasta septiembre de 1988*, alrededor de 1.500 tipos se importaron de Japón. La mayoría de estos componentes se fabricaron por Toyota o sus filiales y entregados a NUMMI en respuesta a pedidos de ésta.

Centrándonos en los proveedores norteamericanos para el modelo Nova, NUMMI pidió a 75 compañías aprovisionamientos para 700 piezas diferentes. De estas 75 empresas, 55 estaban situadas en el Medio Oeste, 6 en el Sudeste, 3 en México, y 11 en California.

NUMMI considera a sus proveedores parte del equipo de NUMMI, operando en un entorno de confianza mutua y respeto. Como este tipo de cultura cooperativa no es tan común en los Estados Unidos como en Japón, NUMMI ha evaluado y seleccionado cuidadosamente los proveedores domésticos.

Su investigación ha cubierto no solo preocupaciones comunes tales como calidad, coste y localización, sino también la actitud cooperativa del proveedor. Específicamente, NUMMI buscó proveedores que fuesen receptivos a los requerimientos impuestos

---

* En 15 de noviembre de 1988, NUMMI empezó la producción del modelo Geo Prizm para GM. Ahora, está empleando un número mucho mayor de proveedores americanos. — Ed.

por este nuevo sistema de producción que tiene características encontradas con las prácticas acostumbradas.

Para apoyar y estimular a sus proveedores, NUMMI envía grupos de empleados de diversos equipos, incluyendo personal de dirección de producción, control de calidad, fabricación, y compras. Estos grupos trabajan en las instalaciones de los proveedores facilitando educación, enseñando técnicas de resolución de problemas y de mejora continua (kaizen). Este intercambio ha ayudado a crear mejores relaciones de lo que era normal entre fabricantes de automóviles y de componentes. Además, NUMMI organiza convenciones regulares en las que sus proveedores se reúnen para examinar problemas comunes y preparar futuros programas.

Semanalmente, estos proveedores reciben previsiones sobre cantidades requeridas de piezas. Estas previsiones indican el número de piezas necesarias para siete semanas de producción nivelada. Se trata de programas aproximados, usados solamente para propósitos de planificación, no contratos de compra ni pedidos confirmados. (Estos programas se corresponden con las previsiones para tres meses que Toyota envía a sus subcontratistas en Japón). La mayoría de las estimaciones se envían por correo, pero NUMMI confía en comunicar en el futuro con sus proveedores por alguna vía «on-line».

Las cantidades finales confirmadas se envían a los proveedores aproximadamente dos semanas antes del plazo de entrega. Esto se hace actualmente por correo y mediante intercambio electrónico de datos; en el futuro, también se enviarán mediante el sistema «on-line» que NUMMI planea instalar. El programa de requerimientos finales, entregado diariamente, detalla los aprovisionamientos a entregar con sus fechas. Esto funciona como contrato actual entre los proveedores de componentes y NUMMI. Se entregan diariamente casi todas las variedades de componentes.

El programa de requerimientos final refleja las cantidades actuales de piezas requeridas para los procesos de producción de NUMMI. En otras palabras, para determinar el número actual de piezas utilizadas, simplemente podemos acumular el número de tarjetas kanban que se asocian a los materiales y componentes utilizadas en la producción de un día en NUMMI. Estas cantidades se usan también para ajustar futuros programas, planes de tiempo extra, programas de vacaciones, y para otras finalidades.

MANUAL PARA LA IMPLANTACION DEL JIT
Hiroyuki Hirano

La edición de este manual enciclopédico marca un momento de triunfo y oportunidad para todos los fabricantes occidentales. Por primera vez, existe una fuente abarcadora y completa sobre el "Just-in-Time" que le permite contestar todas las preguntas relacionadas al JIT y evitar todo problema de manufactura. Aquí encontrará los procedimientos JIT más detallados y extensos que jamás se hayan documentado. El libro examina la filosofía JIT y los sistemas, técnicas y herramientas que le ayudarán a poner estos conceptos en práctica en cualquier tipo de operación de fabricación. Contiene más de 1,000 páginas, cientos de ilustraciones, y muestras de cada uno de los formularios esenciales para administrar el JIT.

Solicite / HIRSP-BK / Precio de venta: $995.00 USD

UNA REVOLUCION EN LA PRODUCCION
El sistema SMED
Shigeo Shingo; 3.ª edición

Todos los empresarios europeos o americanos que han visitado fábricas japonesas se han asombrado de la velocidad con la que se ejecutan las preparraciones de máquinas—los cambios de útiles, herramientas, plantillas, accesorios y materiales—y, en su caso, la limpieza de elementos.

El creador de esos métodos es Shigeo Shingo, el cual les dio el nombre de SMED, aludiendo a las iniciales de una frase inglesa con la que se menciona la realización de cambios de útiles en menos de diez minutos. Unos métodos que han permitido que preparaciones de máquinas que necesitaban veinticuatro horas, se ejecuten en unos pocos minutos.

Los métodos de cambios rápidos de útiles creados por Shingo, son un componente fundamental de todos los sistemas de producción flexibles, y, por lo tanto, forman parte del arsenal de herramientas de la producción "lean," el concepto de producción avanzada vigente hoy.

El presente texto de Shigeo Shingo es la biblia básica del sistema SMED, y es un libro para directivos exclusivamente.

Contenido

La relación de aplicaciones estudiadas es extensa. Por industrias (citando solamente las estudiadas con más extensión):

- Lavadoras - accesorios de plástico - productos de óptica - maquinaria agrícola - carrocerías - accesorios para automóviles - autobuses, microbuses - rodamientos - máquinas para manejo de monedas y dinero - suministros para hogar y oficina - neumáticos - fundición de aluminio - televisores - motores.

Y, por operaciones:

- Fundición - moldeado de plásticos - tintado de tejidos - prensas de todos los tipos y tamaños - fresado - torno - taladrado - avellanado - tallado - rectificado - cizallado - cambio de brazos de robot - manipulación/ alimentación de materiales - manipulación/traslado de útiles - soldadura - pintura - montaje - engrase.

432 páginas / Precio de venta: $65.00 USD

KAIZEN PARA PREPARACIONES RAPIDAS DE MAQUINAS
Más allá del SMED
Kenichi Sekine y Keisuke Arai

A pesar de su enorme desarrollo tecnológico y eficiencia, la industria japonesa tiene sus propios desafíos en Asia: diversos países asiáticos, con salarios varias veces inferiores a los japoneses, están progresando en tecnología. En opinión de los autores, sólo hay un modo para que el Japón permanezca competitivo.

- Lograr los cambios de útiles y perparaciones de líneas de fabricación en menos de 3 minutos.

- Mejorar la distribución de máquinas e instalaciones sin incurrir en grandes costes ("refinamiento de procesos").

Estos son, desarrollados extensamente, los temas del libro. En resumen, el texto detalla los métodos de cambio rápido de útiles, las mejoras en la implantación de equipos, los métodos de identificación del desperdicio y otros temas fundamentales.

Los métodos para mejorar los cambios de útiles fueron sistematizados por primera vez por el Dr. Shingo. Kenichi Sekine y Keisuke Arai han continuado su trabajo, y nos presentan ahora métodos para llevar la mejora a un nuevo nivel: el cero cambios de útiles (o cero preparaciones de máquinas), un modo de denominar los cambios realizados en menos de 3 minutos.

Este es un libro no para informarse, sino para trabajar con él, y obtener resultados tangibles y reales. Presenta un método en pequeños pasos sistemáticos para obtener resultados tangibles en la mejora de cambios de útiles y preparaciones de líneas para cambios de modelos y productos, y también un completo estudio del método de Toyota (o método TPS) para recrear una línea de producción (como método ortodoxo de mejora) y un método simplificado creado por los autores con la misma finalidad.

Ponemos en sus manos un material de gran utilidad, plenamente incorporable a nuestra industria, y métodos realistas probados. En resumen una mina de oro de ideas para mejorar la productividad.

Contenido

1. Pasos en la mejora de los cambios de útiles - 2. Pasos hacia el cero cambios de útiles - 3. Fórmula de nueve pasos para lograr el cero cambio de útiles - 4. Preparación/cambio de útiles en líneas de prensas - 5. Mejoras baratas para reducir las necesidades de personal (creación de líneas de producción mejores a bajo costo) - 6. Pasos para mejorar las líneas de proceso (método Toyota y método simplificado) - 7. Cero cambios de útiles en línea de prensas -

8. Cambios en menos de diez minutos en forja - 9. Cero cambios de útiles en líneas con máquinas de transferencia - 10. Mejoras en preparación y cambio de medios en industrias de proceso (cervecera y papelera) - 11. Cero cambios de útiles en fabricación de circuitos impresos - 12. Cero cambios de útiles en industria de chapa - 13. Cero cambios de útiles en moldeo de plásticos - 14. Cero cambios de útiles en fundición - 15. Cero cambios de útiles en líneas de ensamble.

GRAN FORMATO (23x29) / 300 páginas / Precio de venta: $60.00 USD

5 PILARES DE LA FABRICA VISUAL
Hiroyuki Hirano

Las fábricas son organismos vivos. Los organismos se mueven y cambian en una relacion flexible con su entorno. Un ambiente sucio, desorganizado no conduce a la mejora. Un entorno deprimente no inspira a los trabajadores a su potencial máximo. Cuando algunos ejecutivos preguntaron a Hiroyuki Hirano lo que debían hacer para que sus empresas sobrepasaran el siglo veintiuno, les respondió: "Implementar las 5S." Una compañía que no pueda implementar las 5S con éxito, no podrá integrar efectivamente el JIT, la reingeniería, ni otros cambios en gran escala. Este libro describe cómo las 5S promueven la eficiencia, el buen funcionamiento y la mejora contínua.

306 páginas / Precio de venta: $80.00 USD

5S PARA TODOS
Equipo de Desarrollo de Productivity Press

Las 5S son el lugar de comienzo para cualquier actividad o programa de mejora en su lugar de trabajo. Aquí esta la clave del éxito para cualquier proceso de cambio que quiera usted implementar en la fabricación. Este libro le ayuda a enseñarle a sus operarios las bases de las 5S: organizar, ordenar, limpiar, estandarización y disciplina. Incluye ilustraciones, guías de página, resumenes, preguntas y respuestas para segurar la fácil asimilación y repaso de los conceptos.

208 páginas / Precio de venta: $25.00 USD

DIAGNOSTICO CORPORATIVO

Thomas L. Jackson y Constance Dyer

Por lo general, lo que ocurre en cuanto al planteamiento estratégico es que se olvida el paso más esencial: diagnosticar el estado actual de la empresa. Este manual para ejecutivos le provee métodos detallados para diagnosticar la salud estratégica de su organización y para medir su estado referente a estándares de empresas de primer nivel mundial. Explicaciones detalladas, diagramas y listados le ayudarán a conocer verdaderamente el estado de su compañía. Este libro le permitirá integrar las actividades de mejora de toda la empresa con sus planes de desarrollo estratégico a largo plazo (visión), para lograr convertirse en el competidor más fuerte en su mercado.

115 páginas / Precio de venta: $65.00 USD

IMPLANTACION DE UN SISTEMA DE DIRECCION "LEAN"

Thomas L. Jackson y Karen R. Jones

Un sistema de direccion "lean" o esbelto permite alinear e integrar la planificación del desarrollo estratégico a largo plazo con las metas diarias de mejora para ayudar a que su empresa esté orientada al cliente, sea flexible, y esté lista para enfrentar los desafíos de nuestra época. Este libro le ofrece un método práctico para lograr la administración esbelta. El enfoque está basado en la mejora contínua, la gestión interfuncional y la participación de los empleados. El sistema completo está apoyado por documentos y por formas impresas que conectan la dirección estratégica con actividades que hacen real la visión corporativa.

154 páginas / Precio de venta: $60.00 USD